AI数字后期

Stable Diffusion 绘画与合成

陈林鼎 / 编著

清华大学出版社

北 京

内 容 简 介

本书广泛涵盖了绘画知识的多个专题以及 AI 绘画的丰富应用案例，从 Stable Diffusion 这款 AI 绘画工具的入门操作讲起，逐步深入文生图技巧、图生图技巧、风格化实操演示、模型高效使用策略、插件应用方法等进阶技术层面。此外，本书还详细展示了定制写真、商业插画设计、艺术字体创作、电商海报及产品图、绘本插图设计制作等一系列应用案例的全流程操作，全面覆盖了从基础应用到实战项目的常用方法与实用技巧。

本书适合大中专院校相关专业的学生、教师以及培训机构作为教材使用，助力培养更多具备 AI 绘画技能的优秀人才。

图书在版编目（CIP）数据

AI数字后期 ：Stable Diffusion绘画与合成 / 陈林鼎编著. -- 北京 ：清华大学出版社，2025.4. -- ISBN 978-7-302-68503-6

Ⅰ. TP391.413

中国国家版本馆CIP数据核字第202506XG19号

责任编辑：张　敏
封面设计：郭二鹏
责任校对：徐俊伟
责任印制：宋　林

出版发行：清华大学出版社
网　　　　址：https://www.tup.com.cn，https://www.wqxuetang.com
地　　　　址：北京清华大学学研大厦A座　　邮　　编：100084
社　总　机：010-83470000　　　　　　邮　　购：010-62786544
投稿与读者服务：010-62776969，c-service@tup.tsinghua.edu.cn
质　量　反　馈：010-62772015，zhiliang@tup.tsinghua.edu.cn
课　件　下　载：https://www.tup.com.cn，010-83470236
印　装　者：涿州汇美亿浓印刷有限公司
经　　销：全国新华书店
开　　本：185mm×260mm　　印　　张：12.5　　字　　数：340千字
版　　次：2025年6月第1版　　印　　次：2025年6月第1次印刷
定　　价：79.80元

产品编号：104580-01

前 言
PREFACE

本书背景

随着人工智能技术的迅猛发展，AI 绘画已经成为设计领域一股不可忽视的力量。Stable Diffusion 作为当前最流行的 AI 绘画工具之一，以其强大的功能和灵活的应用性赢得了广大设计师和绘画爱好者的青睐。然而，对于初学者来说，如何快速上手 Stable Diffusion，并熟练掌握其各项功能，仍是一个不小的挑战。同时，对于有一定基础的设计师而言，如何充分利用 Stable Diffusion 提升工作效率，创作出更具创意和吸引力的作品，也是他们不断探索和追求的目标。

在此背景下，作者编写了本书，旨在为广大读者提供一本全面、系统、实用的学习指南，帮助读者从 Stable Diffusion 的新手逐步成长为高手。

本书内容

本书内容涵盖了 Stable Diffusion 从入门到精通的各个方面。首先详细介绍了 Stable Diffusion 的基本概念和操作界面，帮助读者快速上手；接着深入讲解了提示词的使用方法、风格化实操演示、模型使用技巧、插件使用方法等进阶技术，让读者能够熟练掌握 Stable Diffusion 的各项功能。此外，本书还结合实际应用案例，如定制摄影写真、商业插画设计、艺术字体创作、广告海报及产品图制作、动漫设计、绘本插图设计等，展示了 Stable Diffusion 在各个领域的应用价值。这些案例不仅涵盖了从基础应用到实战项目的常用方法和技巧，还融入了作者丰富的实践经验和创意灵感，为读者提供了宝贵的参考和启示。

在编写本书的过程中，作者注重理论与实践相结合，既注重理论知识的系统性和完整性，又注重实践操作的实用性和可操作性，同时还根据读者的学习需求和反馈不断优化和调整内容结构，确保读者能够轻松地理解并掌握所学知识。

附赠资源

本书通过扫码下载资源的方式为读者提供增值服务，这些资源包括 PPT 课件、教学大纲和视频教程。

PPT 课件　　　　教学大纲　　　　视频教程

本书作者

本书由云南艺术学院陈林鼎老师编写，内容丰富，结构清晰，参考性强，讲解由浅入深且循序渐进，知识涵盖面广又不失细节，非常适合艺术类院校作为相关教材使用。由于作者水平有限，书中错误、疏漏之处在所难免，希望广大读者不吝赐教。

本书读者

本书适合广大对 AI 绘画和设计感兴趣的读者阅读。无论你是想要提升工作效率的平面设计师、后期特效处理人员、影视动画制作者，还是对 AI 绘画充满热情的播客、UP 主、电商等新媒体达人，本书都能提供宝贵的帮助。同时，本书也适合大中专院校相关专业的学生、教师以及培训机构作为教材使用，帮助他们系统地学习并掌握 Stable Diffusion 的各项技能。

作　者

2024 年 10 月

目 录
CONTENTS

第1章

走进 Stable Diffusion 的世界

Stable Diffusion 是一款在 2022 年发布的深度学习模型，它专注于将文本描述转化为详细的图像。其功能多样，不仅限于图像生成，还能应用于内补绘制、外补绘制等任务，甚至在特定提示词（英语）的引导下实现图生图的转换与翻译。据维基百科介绍，Stable Diffusion 主要聚焦于"文本到图像"的深度学习应用，即广为人知的"文生图"领域。用户只需要输入文本提示词（text prompt），该模型便能生成与之相匹配的图像，展现了强大的图像生成能力。

Stable Diffusion 的魅力在于其作为一种强大的文本到图像生成模型，为用户提供了前所未有的创意表达途径和视觉创作的诸多可能性。

1. 高度的灵活性与创意性

Stable Diffusion 允许用户通过简单的文本描述生成与之相对应的图像。这种从抽象语言到具体视觉内容的转换过程极大地激发了用户的创造力和想象力，使得每个人都可以成为自己视觉故事的讲述者。图 1-1 为 Stable Diffusion 生成的图像。

图 1-1

2. 高质量的图像输出

经过训练的 Stable Diffusion 模型能够生成细节丰富、风格多样的高质量图像。这些图像在细节处理、色彩搭配以及整体构图上都达到了令人惊叹的水平，为用户提供了接近甚至超越专业摄影师和画家的作品体验，如图 1-2 所示。

3. 广泛的应用场景

Stable Diffusion 的应用领域极为广泛，从艺术创作、广告设计到游戏开发、虚拟现实等，都能见到它的身影。它不仅可以为专业人士提供高效的创作工具，也能让普通用户轻松实现自己的创意想法，降低了视觉创作的门槛，如图 1-3 所示。

图 1-2　　　　　　　　　　　　　　　　　　图 1-3

4. 持续的技术进步

随着人工智能技术的不断发展，Stable Diffusion 模型也在不断优化和升级。新的算法、更强大的计算能力以及更丰富的数据集使得 Stable Diffusion 能够生成更加逼真、多样化的图像，从而满足用户日益增长的需求。图 1-4 为 Stable Diffusion 模型生成的图像。

图 1-4

5. 促进艺术交流与融合

Stable Diffusion 打破了传统艺术创作方式的界限，使得不同文化、不同背景的人都能通过共同的语言——文字来交流和理解彼此的艺术理念。这种跨界的艺术交流不仅促进了艺术的多元化发展，也推动了文化的融合与创新。图 1-5 为 Stable Diffusion 生成的建筑图像。

总之，Stable Diffusion 以其独特的魅力吸引了全球范围内用户的关注和喜爱，成为当下热门的文本到图像生成技术之一。

本章深入剖析了 Midjourney 与 Stable Diffusion 这两款前沿软件的优势与局限，旨在引领读者全面理解它们在不同应用场景下的独特价值。本章不仅详尽地阐述了这两款软件的核心特性与差异，还贴心地附上了详尽的安装指南与注册流程

图 1-5

教学，旨在帮助读者根据个人需求与实际情况做出明智的软件选择，并顺利踏上后续的学习与实践之旅。

1.1　Midjourney 和 Stable Diffusion 的优缺点对比

当前市场上存在两款备受人们推崇且广泛应用于工作的主流 AI 绘画软件，一款是 Midjourney，另一款是 Stable Diffusion。它们虽然都是基于文本提示生成 AI 图像的工具，但是在功能上各有千秋，各自具有独特的优势与局限。这两款软件为用户提供了不同的创作途径，以适应用户多样化的需求与偏好。

1.1.1　Midjourney 的优势

Midjourney 是一款基于 Disco Diffusion 平台构建的创新 AI 绘画工具，能够将文本描述转化为生动的图像。它不仅擅长创作视觉冲击力强的艺术作品，还作为一个国际化的 AI 绘画平台。特别值得一提的是，它能识别并响应中文输入，确保了广泛的用户适用性。Midjourney 生成的图像的版权直接归属于创作者，为艺术创作提供了坚实的法律保障。Midjourney 公司已全面优化模型开发、训练、调整及用户界面设计，让用户享受"开箱即用"的便捷体验，无须高端计算机配置即可轻松上手。此外，Midjourney 的图像生成速度极快，极大地提升了用户的创作效率，如图 1-6 所示。

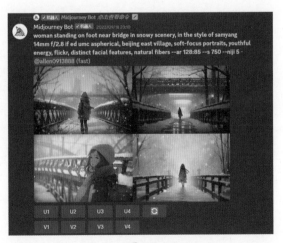

图 1-6

1.1.2   Midjourney 的劣势

Midjourney 以其高度的随机性著称，但在可控性方面相对较弱，仅提供数量有限的模型变体供用户选择。尽管用户能够调整如纵横比等参数，并选择不同的算法生成版本，但与 Stable Diffusion 相比，Midjourney 在变化和选项的丰富度上略显不足。此外，Midjourney 设置了一定的内容限制，包括政治、血腥、敏感人体部位、毒品、侮辱性词汇等，违反这些规定可能导致账号被封禁。作为一个开放的社区平台，Midjourney 上的图像一旦生成即可被他人访问，除非用户选择开通每月 60 美元（费用可能因促销、折扣等活动有所变动）的会员服务并激活隐身模式，以保护自己的作品不被公开浏览。鉴于 Midjourney 是一款成熟的商业产品，它采用付费模式，更适合那些追求快速上手且不介意支付费用的用户群体，如图 1-7 所示。

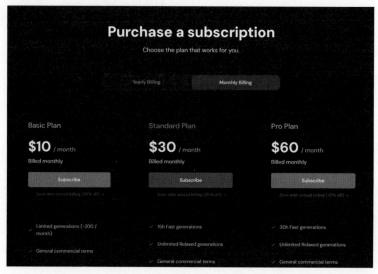

图 1-7

1.1.3   Stable Diffusion 的优势

Stable Diffusion 作为一款开源模型，鼓励全球用户共同参与其创新与发展，因此存在众多在线及离线版本供大家选择。离线版本完全免费，且用户可根据个人需求自由挑选模型，展现出极强的可扩展性。Stable Diffusion 在图像定制方面尤为出色，它允许用户精细地调整图像至每个像素级别，同时创作者对 AI 遵循提示的严格程度拥有完全控制权，包括设置种子值、挑选采样器等，以引导 AI 引擎生成预期效果。此外，Stable Diffusion 平台提供了数千种艺术模型，能够基于用户提示生成多样化的艺术风格，极大地丰富了创作空间。

Stable Diffusion 的可定制化程度较高，得益于丰富的插件生态，这些插件为用户提供了更多控制图像构图、姿势等细节的可能性。对于注重隐私保护的用户而言，Stable Diffusion 的本地部署模式尤为吸引人，因为它无须联网即可使用，且默认情况下不对外公开图像内容，除非创作者主动分享，否则作品将安全地保存在个人计算机上。

1.1.4   Stable Diffusion 的劣势

Stable Diffusion 在数据模型的应用上较为灵活，但这也意味着许多模型需要用户自行训练（或从网络下载），且参数调整过程相对复杂，对于初学者而言，其上手难度相对较高。此外，Stable Diffusion 对运行环境配置有一定的要求，特别是显存资源，若显存不足可能导致图像渲染出错。在用户选择显卡时，显存容量成为优先考虑的因素，因为它直接影响到图像能否成功生成，而显卡的算力决定了运行的效率。为了保证软件流畅运行，推荐大家至少配备英伟达 3060 系列或更高规格的显卡，且显存达到 12GB 及以上。因此，Stable Diffusion 更适合那些对图像隐私有较高要求、计算机配置优良且具备较强学习能力的用户群体。

Midjourney 与 Stable Diffusion 各有千秋，将两者结合使用，能够充分发挥它们各自的优势，从而胜任更多元化的商业化任务，例如电商服装模特图的制作、AI 插画与动画的创作等。这种互补性使得这两款软件在创意产业中展现出强大的合作潜力。

1.2　Stable Diffusion 的部署和安装

Stable Diffusion 本质上并非传统意义上的软件，其初始形态仅为一组源代码数据。直到 GitHub 平台上的开发者 Automatic1111 将这些代码转化为可通过浏览器网页运行的程序，才生成了如今人们所看到的可视化操作界面——Stable Diffusion Web UI（简称 SD Web UI）。随着技术的不断演进，还出现了如 Comfy UI 这样的节点式操作页面，与 Web UI 相比，它赋予了用户创建稳定扩散工作流程的能力，不仅更复杂而且更灵活，进一步丰富了用户的使用体验。

1.2.1　Stable Diffusion 的安装方法

鉴于手动配置过程存在较高门槛，且安装过程中常会遇到各类问题，市场上涌现出众多集成了 Stable Diffusion 两种操作界面（包括 Web UI）的一键部署包，这些部署包均基于 GitHub 上的相关开源项目复制而来。下面将以广受人们欢迎的 Web UI 界面为例，详细说明如何从 GitHub 部署 Stable Diffusion。

（1）访问 GitHub 并找到 Stable Diffusion 项目的页面，如图 1-8 所示。

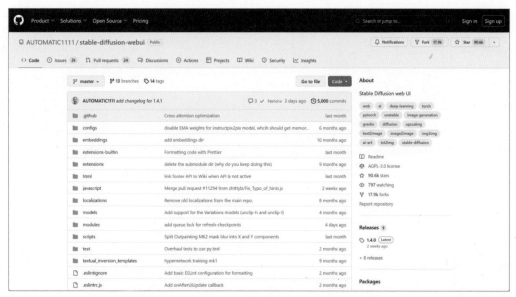

图 1-8

（2）滚动页面至"安装和运行"部分，此时可以启用浏览器的翻译功能以便理解。这里提供了多种安装方式，选择第一种进行安装，单击 v1.0.0-pre 选项来到官方下载页面，如图 1-9 所示。

图 1-9

（3）单击 sd. webui. zip 选项下载压缩包，如图 1-10 所示。

图 1-10

（4）当下载并解压完成后得到文件，双击运行 update.bat 文件，将自动更新 Web UI 到最新版本，等待完成，然后关闭窗口，如图 1-11 所示。

图 1-11

（5）双击以启动 run. bat，在第一次启动时它将自动下载大量文件，如图 1-12 所示。

图 1-12

（6）正确下载并安装所有内容后，将会看到消息"Running on local URL: http://127.0. 0.1:7860"，如图 1-13 所示。

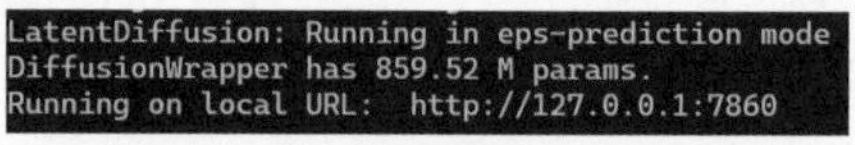

```
LatentDiffusion: Running in eps-prediction mode
DiffusionWrapper has 859.52 M params.
Running on local URL:  http://127.0.0.1:7860
```

图 1-13

（7）在浏览器中打开链接，将显示 Web UI 界面，如图 1-14 所示。注意在下载过程中要全程保持网络畅通。

图 1-14

1.2.2 添加所需的 AI 模型

在完成 Stable Diffusion 项目的本地部署后，为了确保图像正常生成，用户至少需要添加一个大模型。在模型资源方面，国际上知名的平台如 Civitai 和 Hugging Face，因起步较早，汇聚了大量高质量的模型及高水平的创作者，但访问这些平台可能需要借助 VPN 以克服网络限制。相比之下，国内也有如哩布哩布 AI、吐司 AI 等模型网站，访问它们无须担心网络问题，且它们往往涵盖了国外热门模型的本土化版本。国内网站的一个潜在的缺点是模型质量可能参差不齐，需要用户自行甄别。下面以国内模型网站为例说明添加模型的方法。

（1）进入哩布哩布 AI 网站，地址为 https://www.liblib.art/。进入网站后可以看到首页中有各种类型模型训练的图像预览，在左上角有不同的标签，这些模型主要分为 LoRA 和 Checkpoint 模型，如图 1-15 所示。

图 1-15

（2）目前使用得最为广泛的就是这两个模型，使用 Stable Diffusion 至少需要搭载一款 Checkpoint 模型，LoRA 模型则是一种微调模型，在之后的章节会详细介绍。选择 Checkpoint 模型后，便可看到该模型的信息，也能看到模型作者对该模型的使用方法的讲解，在右侧单击"下载"按钮即可将模型下载到本地使用，如图 1-16 所示。

图 1-16

（3）将下载好的 Checkpoint 模型放到 Stable Diffusion 的 models\Stable-diffusion 目录中，如图 1-17 所示。

名称	修改日期	类型
Lora	2023/11/15 20:02	文件夹
LyCORIS	2023/8/23 22:10	文件夹
RealESRGAN	2023/5/25 20:11	文件夹
roop	2023/6/28 12:58	文件夹
ScuNET	2023/5/25 20:11	文件夹
Stable-diffusion	2023/11/15 20:06	文件夹
SwinIR	2023/5/25 20:11	文件夹
TaggerOnnx	2023/11/7 20:06	文件夹
torch_deepdanbooru	2023/5/25 20:11	文件夹
VAE	2023/10/22 21:26	文件夹
VAE-approx	2023/5/25 20:11	文件夹

图 1-17

目前最新的大模型通常都内置了 VAE 模型，用户无须再通过外挂 VAE 模型的方式来改善生成图像偏灰的问题。但一些较早的大模型仍需用户手动下载，如果使用，需要将下载好的 VAE 模型放入 Stable Diffusion 的 models\VAE 中，在使用时也可以通过外挂 VAE 模型的方式覆盖原本的 VAE 模型，如图 1-18 所示。

图 1-18

第 2 章

Stable Diffusion 绘图基本参数

本章为 AI 绘画入门的必学内容，通过学习 Stable Diffusion Web UI 的相关界面知识，掌握基础描述语参数和反推功能，创作者便可以在本章的实操中生成属于自己的第一张 AI 图像。

2.1 认识 Stable Diffusion Web UI

Stable Diffusion 的功能十分强大，但掌握 AI 绘画需要从认识最基础的界面开始，因为对界面的掌握程度直接影响了使用体验和后续灵活运用的效果。在学完本节之后，读者会发现上手操作其实并不难。

在完成 Stable Diffusion 的本地部署，并且至少配置了一个大模型 Dreamboot 之后，便可以开始对 Web UI 的界面展开基础层面的认识了。

1. 启动界面

启动界面可以被划分为 4 个主要区域，即模型区、功能区、参数区和出图区，每个区域都有其特定的用途和功能，以满足用户的不同需求，如图 2-1 所示。

图 2-1

- 模型区：模型区的主要功能是让用户能够切换所需的模型。用户可以从网络下载所需的 Safetensors、CKPT、PT 模型文件，并将其放置在 \modes\Stable-diffusion 目录下。单击模型区的刷新箭头后，用户可以在此选择并加载新的模型。
- 功能区：功能区提供了一系列的功能选项，用户可以根据需要进行选择。在安装完对应的插件后，重新加载 UI 界面将会在功能区添加对应插件的快捷入口。

- 参数区：参数区提供了一系列可调整的参数设置，这些设置会根据用户选择的功能模块变化。例如，在使用文生图模块时，用户可以指定要使用的迭代次数、掩膜概率和图像尺寸等参数。
- 出图区：出图区是供用户查看 AI 绘制最终结果的地方。在这个区域，用户还可以看到用于绘制图像的相关参数的各类信息。

2. 文生图页面

在文生图页面，用户可以输入文本、选择模型，并配置一些其他参数，以此来生成图像。文本是生成图像的基础，必须提供。用户可以选择预定义的模型，或者上传自己的模型。此外，用户还可以选择一些其他参数，如批处理大小、生成的图像尺寸等。接下来针对图 2-2 中的一些参数进行详细说明。

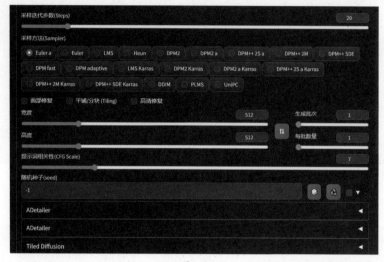

图 2-2

- 采样迭代步数：此参数用于指定图像生成的迭代次数。较多的迭代次数可能会让生成的图像质量更好，但也需要更长的时间来完成。
- 采样方法：此参数选择用于生成图像的采样方法。在默认情况下，该参数设置为 Euler a，但也可以选择 DPM++ 这些新加入的系列选项，这将使所生成图像的细节更丰富。
- 面部修复：如果绘制面部图像，可以选择此选项。当头像是近角时，选择此选项可能会导致过度拟合和图像虚化的现象。相较而言，当头像是远角时选择此选项更为适合。
- 平铺 / 分块：用于生成一个可以平铺的图像。
- 高清修复：此选项使用一种两步式的过程生成图像，首先以较小的分辨率创建图像，然后在不改变构图的情况下改进其中的细节。
- 宽度、高度：这两个参数用于指定所生成图像的宽度和高度，较大的宽度和高度需要更多的显存以及计算资源。
- 生成批次：此参数用于指定模型针对每一幅要生成的图像所能运行的最大迭代次数，增加其值，模型便可以多次生成图像，但生成的时间也会更长。
- 每批数量：此参数用于指定一次可以生成的最大图像数量。
- 提示词相关性：此参数可以调整图像与提示符的一致程度。增大其值，将使图像更接近提示内容，但过高会使图像的色彩过于饱和。此参数的值越小，AI 绘图的自主发挥空间越大，越有可能产生有创意的结果（默认为 7）。

- 随机种子：此参数可以指定一个随机种子，用于初始化图像生成过程。相同的种子值每次都会产生相同的图像集，这对于保障图像生成的再现性和一致性很有用。如果将种子值保留为 –1，则每次运行"文生图"时将生成一个随机种子。

3. 图生图页面

在图生图页面，允许用户使用 Stable Diffusion 生成与原图像的构图色彩相似的图像，或者指定一部分内容进行变换。与文生图功能相比，图生图功能新增了图像放置区域和"重绘幅度"参数设置，如图 2-3 所示。

图 2-3

接下来针对图 2-4 中的相关参数进行说明。

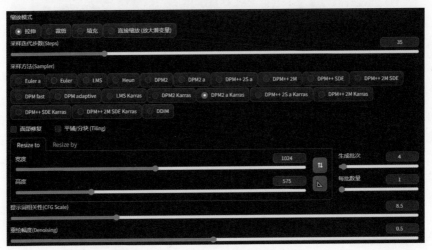

图 2-4

- 缩放模式：此参数主要用于设置在调整图像尺寸后以何种模式保证图像的输出效果，可选项包括拉伸、裁剪、填充和直接缩放。
- 重绘幅度：此参数决定图像模仿的自由度，数值越高，越能自由发挥；数值越低，生成的图像与参考图像越接近。通常，当数值小于 0.3 时，基本上就是在原图上加一个滤镜效果。
- 绘图：允许使用 Stable Diffusion 中的画笔在图像中进行绘制。如果想在图像的某个具体位置增添物体，可以先通过涂鸦的方式画出其大概形状，再配合提示词辅助生成。

- 局部重绘：允许使用 Stable Diffusion 对图像中被手工遮罩的部分进行重新绘制。如果用户找到了一张整体尚可、细节较差的图像，可以单击这个按钮开始局部重绘。Stable Diffusion 会自动生成一个遮罩层，此时可以用鼠标在图像上涂抹需要修复的区域。单击"生成"按钮，Stable Diffusion 会根据遮罩层和原图生成一个新的图像，并显示在右侧。值得一提的是，官方提供了基于 1.5 版本的专门的 In-paint 修复模型。
- 局部重绘（手涂蒙版）：允许使用 Stable Diffusion 中的画笔在图像上进行重新绘制。该功能结合了局部重绘以及涂鸦功能，可以通过调整画笔的颜色以及形状更好地对图像进行局部更改。与局部重绘相比，该功能会参考画出的蒙版形状进行相应操作；与涂鸦功能相比，该功能会对原图进行重绘更改，而涂鸦只会在原图上增添物品。
- 局部重绘（上传蒙版）：允许在 Stable Diffusion 中手动上传图像以及蒙版。该功能会对蒙版内或蒙版外的图像进行重绘，常用于较为精细的修改。

2.2　Stable Diffusion 描述语参数详解

在大概了解了 Stable Diffusion 的基础界面后，便可以开始尝试生成第一张 AI 绘画作品。接下来将通过实例从文生图、图生图以及如何规范地写 prompt 来控制图像，提升图像的细节，从而帮助读者迅速了解 Stable Diffusion 的作图流程。

2.2.1　尝试通过文本操控图像

首先通过最基础的文生图来制作图像，这里使用一款二次元赛璐璐风格的大模型 Counterfeit-V3.0 以及对应的 VAE 进行演示，大家可以根据已有的下载模型进行选择，具体操作步骤如下。

（1）将提示词输入文生图（text-to-image generation）的正向提示词框中，此时为了强调所生成图像的质量，通常会先列出一些与质量相关的关键词，如 best quality、masterpiece、Highly detailed、absurdres 等，这些词有助于引导模型生成品质更高的作品。接着根据想要描述的主体内容进一步完善提示词，例如想生成一个身着水手服的粉色长发女孩的图像，则需要在提示词中添加 1girl、sailor_shirt、long hair、pink hair 这类具体描述。与 Midjourney 等采用较为连续自然语言文本的方式不同，Stable Diffusion 模型更倾向于将自然语言拆解为独立的词组或短语。遵循这样的规则，正向提示词就可以按照上述方式编写完成，如图 2-5 所示。这样的输入方式有助于模型更精确地理解并生成符合预期的图像。

| 文生图 | 图生图 | 后期处理 | PNG 图片信息 | 模型融合 | 训练 | 3D 骨架模型编辑 （3D Openpose） |
| WD 1.4 标签器 | 设置 | 扩展 |

best quality,masterpiece,Highly detailed,absurdres,celluloid,1girl,sailor_shirt,long hair,pink hair,

图 2-5

（2）单击"生成"按钮，在生成图像的区域会根据输入的提示词不断演化，进行去噪操作。生成图像的时间与显卡的配置有关，显卡的性能越高，出图的速度越快。当进度条完成后，图像会显示在出图区域，用户可以通过单击进行放大查看，同时图像会自动保存在本地。单击界面下方的黄色文件夹图标，即可查看以前生成的所有图像，如图 2-6 所示。

图 2-6

（3）加入负向提示词去除画面中不想要的物体或改善画面的质量，例如加入 badhandv4、EasyNegative、ng_deepnegative_v1_75t、rev2-badprompt、verybadimagenegative_v1.3、negative_hand-neg、bad-picture-chill-75v 等，如图 2-7 所示。这些负向提示词有助于精确地控制图像的生成过程，避免生成不必要的元素以提高图像的整体质量。

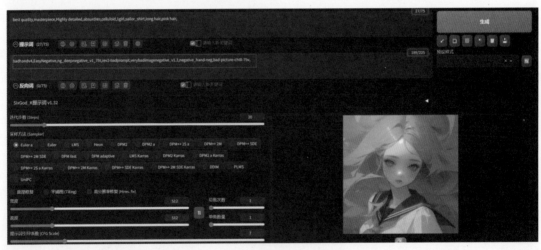

图 2-7

图 2-8

（4）此时可以观察到画面中人物的脸部细节有了显著提升，但仍存在一些不合理之处，例如头发有多处未能自然连接，如图 2-8 所示。由于 Stable Diffusion 本质上是基于扩散模型的，它并不直接理解图像的内容或绘制方式，而是通过反向扩散过程直接生成图像，所以对于大多数模型而言，这些不合理之处是难以避免的。当然，对于这些细节问题，大家不必过于纠结。

（5）如果想在保持同一张图的基础上获得更高精度的图像，可以先单击绿色小图标保存之前图像的种子，以便复现上一张图像。然后单击"高分辨率修复（Hires. fix）"

选项，并在放大算法中选择 R-ESRGAN 4x + Anime6B（该算法对动漫图像的修复效果较佳）。接着设置"重绘幅度"为 0.2，注意幅度越大，所生成图像与原图的区别也会越大。在完成设置后，单击"生成"按钮等待图像生成。需要注意的是，高分辨率修复会显著减慢生成速度，并对显卡的算力提出更高要求。这一步骤的操作示意如图 2-9 所示，生成的效果如图 2-10 所示。

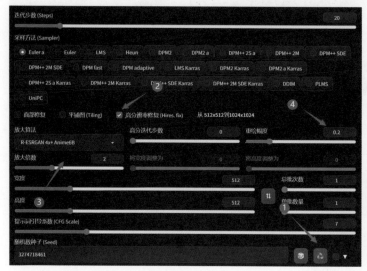

图 2-9

图 2-10

此时可以直观地观察到，图像的整体细节以及分辨率都有了显著提升，图像的像素也增加到了原先的两倍。在图像的下方还会展示当前图像的正向提示词、负向提示词、尺寸、种子等附加信息，这些信息会一并包含在图像的信息中，如图 2-11 所示。

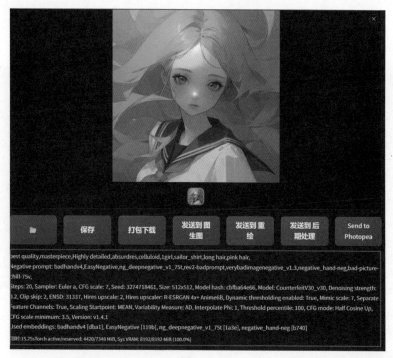

图 2-11

　　创作者同样可以使用 PNG 图像信息来展示图像详情。通过单击"发送到文生图"或"发送到图生图"按钮，可以快速复现并生成该图像，如图 2-12 所示。

图 2-12

图 2-13

　　通过高清放大技术，可以在保留原图画面风格的基础上为图像增添更多细节，而不仅仅是简单地提升分辨率。若希望原图保持原有风貌，避免大幅度改动，则应谨慎设置重绘幅度，不宜过大。最终生成的动漫女孩图像效果如图 2-13 所示。

2.2.2　应用图生图功能

　　下面尝试一下图生图的功能，具体操作步骤如下。

　　（1）与文生图界面相比，图生图界面增加了一个专门用于放置图像的区域。这一界面在生成图像时，除了会参考输入的文本内容外，还会受到所放入参照图像的影响，使得生成的图像更加贴合指定的主题或风格，如图 2-14 所示。

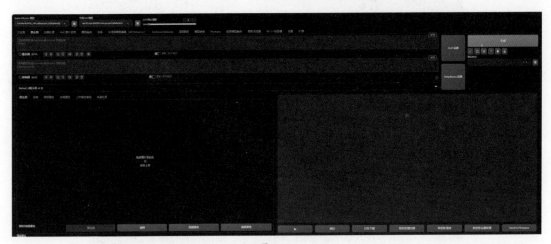

图 2-14

　　（2）尝试将刚才生成的动漫女孩的眼睛从蓝色变为黑色。首先将刚才生成的图像放入选框中，保持其他参数不变，仅在正向提示词框中添加 black eyes，然后单击"生成"按钮，如图 2-15 所示。

图 2-15

（3）生成的图像与原图在构图上保持相似，同时也体现了在正向提示词框中新加入的
black eyes。然而，在许多细节上，新图像与原图相比有了显著变化。这是因为下方默认的重
绘幅度设置为 0.75，重绘幅度越大，与原图的差异就越明显，AI 自由创作的空间也就越大。
如图 2-16 所示，新图像在保留原图基本特征的同时融入了更多的创意和变化。

图 2-16

（4）如果只想改变眼睛的颜色，希望图像的其他部分保持原样，那么可以使用图生图的
一个功能——局部重绘。这个功能允许用户针对图像的特定区域进行编辑，而不会影响其他部
分，如图 2-17 所示。

（5）若想让刚才图像中的人物闭上眼睛，可以先将图像放入选框中，然后使用右侧的画笔工具调整其大小，接着在需要更改的部分（眼睛区域）绘制一个蒙版，这样之后生成的内容将仅针对所绘制蒙版的内部进行更改。随后在提示词中加入 closed eyes，并再次单击"生成"按钮，如图 2-18 和图 2-19 所示。

图 2-17　　　　　　　　　　　　　　　图 2-18

图 2-19

（6）最终生成的图像中，人物仅闭上了双眼，其他区域并未发生任何改变，如图 2-20 所示。

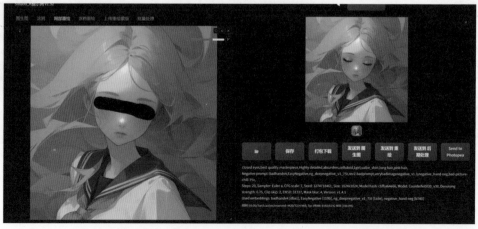

图 2-20

（7）通过刚才的操作，读者已经大致了解了局部重绘的用法。如果想给这张图像再添加一些元素，如 gold earrings（金色的耳坠），可以先将这个描述加入正向提示词中，然后使用图生图的另一个功能区域——涂鸦重绘来实现更具体的创作意图。

（8）进入"涂鸦重绘"页面，单击右上角的调色板图标，然后吸取或选择想要的颜色。接下来就像使用局部重绘一样，用画笔画出希望更改的区域。在完成绘制后单击"生成"按钮，即可看到效果，如图 2-21 和图 2-22 所示。

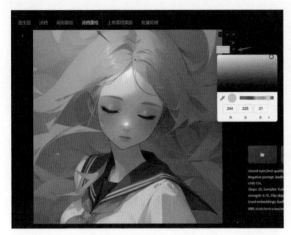

图 2-21

图 2-22

（9）与单纯的局部重绘相比，涂鸦重绘功能加强了对颜色的控制。在使用局部重绘时，如果颜色效果始终无法达到理想状态，可以尝试使用涂鸦重绘进行更精确的调整。最终的效果如图 2-23 所示。

图 2-23

2.2.3　基本提示词写法

目前，AI 制图主要依赖于文本来决定生成的图像，故提示词的恰当性对最终图像的质量和效果具有显著影响，因此编写优质、规范的提示词显得尤为重要。这里介绍一种有效的语序结构，即采用"引导词＋焦点＋环境（＋修饰词）"的方式来书写提示词。

引导词在 AI 制图中扮演着指南针的角色，它引领着创作者的创作方向。引导词可以细分为三个子部分，即基础引导词、风格词和效果词。基础引导词如同创作者的目标，它明确了创作者所追求的质量标准，如"顶级作品"或"最高品质"。风格词则是创作者手中的工具，帮助创作者选择适合的艺术风格，如"素描""油画"或"浮雕"。效果词则如同创作者的调色板，允许创作者挑选合适的光效，如"优秀照明""镜头光晕"或"景深"，以增添图像的视觉效果。

焦点在 AI 制图中如同画布上的主角，可以是人物、建筑或景物等。为了让主角更加栩栩如生，创作者需要对其进行详尽的描述。例如，若主角为人物，则可能需要描绘其面部特征、发型、身材、穿着及姿态等细节。在没有明确角色时，创作者可以转而描述环境中的关键元素，如壮观的瀑布（waterfall）、盛开的向日葵（sunflower）、古老的时钟（clock）等，以构建丰富的场景氛围。

环境在 AI 制图中扮演着舞台的角色，它是主角展现魅力的必要背景。若缺少环境描述，则容易生成单调的纯色背景或与效果标签相关的简单背景，同时焦点元素也会显得突兀而庞大。环境词汇能够构建出围绕焦点、充斥整个画面的生动场景，如繁茂葱郁的森林（forest）、绚烂多彩的彩虹（rainbow）、温暖明媚的阳光（sunlight）、清澈宁静的湖泊（lake），以及色彩斑斓的玻璃（colored glass）等，为图像增添丰富的层次和氛围。

修饰词在功能上常与效果词相似，用于增添场景的细节和丰富度，例如彩虹（rainbow）、闪电（lightning）、流星（meteor）等自然元素。需要注意的是，如果焦点描述过于简略，而修饰词被放置在引导词的末尾作为效果词使用，可能会导致场景的描述过于突出，从而削弱了焦点的存在感，使得整个图像显得场景权重过大、焦点不够突出。

在生成艺术图像的过程中，权重控制扮演着至关重要的角色，它决定了 AI 是否会对期望的元素给予足够的重视。调整提示语在咒语（即输入指令）中的位置是最基本的权重控制方法之一，通常位置越靠前的词汇越受重视。此外，还可以通过给提示语添加括号并指定权重值来进一步调整权重，如（castle:1.5）就是直接给 castle 这个词汇赋予权重，其中的数字即为权重大小。权重值越大，表示该元素在生成图像时的重要性越高。在默认情况下，权重值为 1，而在实际使用中，权重值通常在 0 到 2 之间调整。

在 Web UI 界面中，使用（）和 [ ] 进行权重调整时，前者会使其中内容的权重乘以 1（实际无变化），后者则尝试通过除以 1（同样无实质影响）来调整权重，但这种方式并不直观且效率不高。尽管多重括号能够增加权重，如（（（（castle）））） 通过 4 个括号将 castle 的权重提升至 1.4641，但这种做法既低效也不优雅。

因此，推荐采用（提示语：权重数）的方式更直接、高效地调整权重。在具体操作时，先选中一组词汇，然后通过方向键来设置或调整其权重值。具体操作如下。

（1）以下是一个例子，展示如何输入正向提示词"最佳质量，杰作，基于物理的渲染，生动的色彩，墨水，水彩，一个女孩，身材修长，汉白玉发光皮肤，中式连衣裙，汉服，唐装，波波头，腰带，长发，刘海辫子，闭着一只眼睛，花海，日落，中国风格，绽放的效果，细致美丽的草原上有花瓣、花朵、蝴蝶、项链、微笑（花瓣重复描述以增强效果），周围飘浮着沉重的花瓣流动"。对应的英文提示词为 "best quality，masterpiece，physically-based rendering，Vivid Colors，ink，water color，1girl，slender，white marble glowing skin，china_dress，hanfu，tang style，pibo，waistband，long hair，braided bangs，one eye closed，flower ocean，sunset，chinese_style_loft，Bloom effect，detailed beautiful grassland with petal，flower，butterfly，necklace，smile，petal，surrounded by heavy floating petal flow"。

同时加入基础的负向提示词 "nsfw，logo，text，badhandv4，EasyNegative，ng_deepnegative_v1_75t，rev2-badprompt，verybadimagenegative_v1.3，negative_hand-neg，muted hands and fingers，poorly drawn face，extra limb，missing limb，disconnected limbs，malformed hands，ugly"。

其中，badhandv4、EasyNegative、ng_deepnegative_v1_75t、verybadimagenegative_v1.3、negative_hand-neg 是 Embedding 模型，需要读者从模型网站自行下载，它们有助于提升生成图像的质量，如图 2-24 所示。

图 2-24

（2）创作者可以在初期选择生成多张低分辨率的图像以进行筛选，然后使用之前介绍的保存种子的方法挑选出最满意的几张图进行高清重绘与放大。此处示例为一次生成 4 张图，单击"生成"按钮，如图 2-25 所示。

图 2-25

（3）从刚才生成的图中可以观察到既有满意的也有不满意的。其中，第一张和第四张图像较为符合先前的提示词描述，而第二张和第三张则错误地将"花海"解读为"花和海洋"，且未能体现出蝴蝶元素。基于此，选择图 2-25 中的第四张图保存其种子，并特别增强了蝴蝶的权重至 1.3，然后再次单击"生成"按钮，以期获得更符合预期的图像，如图 2-26 所示。

（4）保存种子后多次生成图像，实际上是基于原图种子数据的相邻种子数据进行取样。在图 2-26 中，除了第一张图像与先前的图像较为相似外，其余图像均存在显著差异。当创作者调整权重后，虽然成功地引入了蝴蝶元素，但也出现了权重溢出的现象。这是由于权重设置过大，导致原本应作用于特定修饰词的权重影响范围扩大，甚至"溢出"到了其他元素上。在此例中表现为人物的发饰被影响，呈现出类似蝴蝶的形状。当权重调整至 1.5 或更高时，这种"画面污染"现象会更为严重，可能导致图像整体崩坏。因此不建议创作者将权重设置得过高，以避免出现此类问题，如图 2-27 所示。

图 2-26

（5）除此之外，创作者还可以尝试仅通过调整提示词的先后顺序来观察图像的变化。例如，将"蝴蝶"放置到最前面，相比直接提升蝴蝶的权重，调整顺序对整个图像的影响较小，主要表现为对人物发饰的轻微影响，而非直接出现蝴蝶元素。然而，这种调整也间接地提升了蝴蝶在图像中的"感知权重"，同时可能降低了其他部分的权重，对人物的衣服、姿势、背景等也产生了一定程度的影响，如图 2-28 所示。

图 2-27

图 2-28

在 Web UI 的文本理解机制中，确实存在着一种逻辑性的运作方式。这一逻辑性在蝴蝶实例中得到了明确的验证，表明 AI 在解析描述时会遵循特定的顺序，即词组的排列顺序会直接影响其权重的分配。鉴于此，创作者在编写标签时可以将其视为撰写一篇小作文的过程，运用作文的逻辑来构思和编排词组。通过借鉴作文的行文逻辑，创作者可以更有效地确定关键词的排列顺序，从而提升 AI 在生成图像时的准确性和符合度。

在语言学中，描述一个事物时，常遵循"目标、定义、细节"的递进方式。以描述为例，在描述一幅画时，首先指明"这是一幅画"，接着阐述其类型或特点，最后细致地描绘画的细节；在描述一个人时，同样先确立"这是一个人"的前提，然后描述其性格、身份等特征，最后详细刻画其外貌、服饰及行为；在描述一个背景时，也是先明确"这是一个背景"，再概述其氛围或特点，最后具体描述背景中的元素及独特之处；对于背景中的物体，同样遵循先指出"这是一个物体"，再说明其属性或种类，最后详细描绘其形状、颜色等具体特征的步骤。

运用这种逻辑思维方式，创作者能够有条不紊地对画面中的每个元素进行由整体到局部的详细描述。在描绘一幅画时，创作者可以先概括整幅画的氛围和主题，然后深入阐述画面中的主要对象，包括其数量、种类、具体形态、特效及装饰细节等。接着转向次要对象，同样细致入微地描述其各方面的特征。在细化到每一个对象时，创作者还可以进一步采用三段法来剖析其各个组成部分，如描述人物时，先总览其外貌与服饰特色，再逐一刻画五官、发型等细节。通过这样的层层分解与详尽阐述，创作者能够全面而深刻地分析并描述出整幅画中的所有元素。

通过以上方法不仅能够详尽地分析和描述整幅画中的所有元素，而且可以保证每个元素都能通过三段法进一步深挖细节。这一流程确保了创作者对整幅画有一个既全面又深入的理解。下面将通过具体例子来进一步展示这种文本逻辑的妙用。

masterpiece，top quality，ultra HD 8k wallpaper，vivid watercolor painting，1 boy located on a beach（一幅画，这是一幅生动的水彩画，画中展现了一个男孩在海滩上的场景）。

1 casually dressed surfer boy，alone，full body，the boy standing next to a rock on the beach（男孩是一位身着休闲装的冲浪者，独自站立在海滩的岩石旁，身姿挺拔）。

The boy has a sunny smile，healthy skin tone and bright blue eyes，brown short hair tousled by the sea breeze，wearing a baseball cap and a fishbone necklace（他脸上洋溢着阳光般的笑容，拥有健康的肤色和明亮的蓝眼睛，棕色短发在海风中略显凌乱。他头戴棒球帽，颈间挂着一条鱼骨项链）。

the boy is wearing a yellow T-shirt and blue shorts，both adorned with vibrant patterns（他身着一件黄色 T 恤和蓝色短裤，衣物上均饰有鲜艳的图案，为整体增添了几分活力）。

sand and shells on the beach，various shells scattered on the beach，waves gently lapping the shore，sunlight，dazzling reflections，shimmer，golden glow（海滩上，细软的沙粒与五彩斑斓的贝壳交相辉映，海浪轻柔地拍打着岸边，阳光洒在海面上，波光粼粼，整个海滩沐浴在一片金色的光辉之中）。

最终生成的效果如图 2-29 所示。

图 2-29

2.2.4　分布渲染

在 Web UI 中存在一种独特的语法功能，允许创作者在同一幅画中分阶段地绘制不同的提示元素，这被称为分步渲染。其语法格式为 [A:B:step]，其中 A 和 B 代表不同的内容描述，step 则指定了渲染的步骤或比例。当 step 大于 1 时，它表示具体的步骤数；当 step 小于 1 时，则表示占总步数的百分比。

例如，[a boy with a blue shirt:red cap:0.3] 这条指令意味着在前 30% 的渲染过程中将绘制一个穿着蓝色衬衫的男孩，而在剩余的 70% 中，在这个男孩的头上添加一顶红色帽子。这可以理解为 AI 首先绘制出蓝色衬衫男孩的初步形象，然后在此基础上增添红色帽子的细节。

此外还有两种灵活的变体语法，即 [:B:step] 和 [A::step]。前者通过将 A 留空，实现仅在指定 step 后绘制 B 的内容；后者则将 B 留空，意味着仅根据 A 的描述进行绘制，直至达到指定的 step。

这种分步渲染的方法特别适用于在图像中嵌套图像的场景。例如，可以首先绘制一个穿着 T 恤的男孩，然后在 T 恤的特定位置绘制一个苹果图案。如果 T 恤和苹果的绘制顺序颠倒，那么苹果可能会被绘制在画面中的任意位置，而非预期的 T 恤上。

在使用这种语法时，务必要仔细核对括号的使用，以确保准确无误。同时，分步渲染可能会带来一定的渲染延迟。例如，即使设定男孩渲染前 50 步、背景渲染后 50 步，男孩的完整渲染可能要在第 60 步左右才完成。这可能是因为 AI 在处理男孩形象时会优先关注面部细节，而头发、装饰等则可能被视为环境元素继续渲染。

下面是一段正向提示词的示例，旨在生成一张高质量、细节丰富的图像：

extremely detailed CG unity 8k wallpaper，(((masterpiece)))，(((best quality)))，((ultra-detailed))，(best illustration)，(best shadow)，((an extremely delicate and beautiful))，dynamic angle，standing，solo，[impasto:1.3, a detailed cute girl with blue eyes and long wavy curly black hair wearing a detailed red dress with a white belt，beautiful detailed eyes:1.2，(cute face:1.2)，expressionless，(upper body，legs)，(red umbrella:1.3)::0.5，:(flat color)，(dark rainy background)，((medium saturation)))，(surrounded by raindrops)，((surrounded by puddles))，surrounded by city lights，(shining)，Rain:0.5]

这段提示词旨在让 AI 在前 70% 的渲染步骤中绘制一个穿着红裙子、手持红色雨伞的女孩；而在后 30% 的步骤中添加雨滴和城市灯光的元素。这样，AI 会首先勾勒出女孩和红裙子的基本轮廓，然后在画面上增添雨滴和城市的夜景，最终效果如图 2-30 所示。

正向提示词为：(extremely detailed CG unity 8k wallpaper)，(((masterpiece)))，(((best quality)))，((ultra-detailed))，(best illustration)，(best shadow)，((an extremely delicate and beautiful))，dynamic angle，standing，solo，[impasto:1.3, a detailed cute girl with blue eyes and long wavy curly black hair wearing a detailed blue dress with a white belt，beautiful detailed eyes:1.2，(cute face:1.2)，expressionless，(upper body，legs)::0.5，:(flat color)，(bright garden background)，((high saturation)))，(surrounded by flowers)，((surrounded by butterflies))，surrounded by trees，(shining)，Sunshine:0.5].

在这段提示词的指导下，AI 将在前 50% 的渲染步骤中绘制一个穿着蓝色连衣裙的女孩；而在接下来的 50% 步骤中增添花园、花朵、蝴蝶和树木等元素。这意味着 AI 会首先勾勒出女孩和连衣裙的基本轮廓，然后在背景中添加上述自然元素，最终效果如图 2-31 所示。

图 2-30

图 2-31

2.3　用 Stable Diffusion 生成彩色小鸟

本节在使用 Stable Diffusion 的基础模型的前提下，尝试用最简单的文生图功能生成一只鸟的图像。

（1）打开 Stable Diffusion 的 Web UI 界面，如图 2-32 所示。

（2）进入"文生图"页面，在提示词区域输入 1 colorful bird（一只彩色的鸟），设置"采样迭代步数"为 25、"采样方法"为 DPM++ 2S a Karras、"宽度"为 768、"高度"为 1024、"生成批次"为 4，其他保持初始状态，如图 2-33 所示。

（3）单击"生成"按钮，等待几分钟，就完成了图像的生成，如图 2-34 所示。

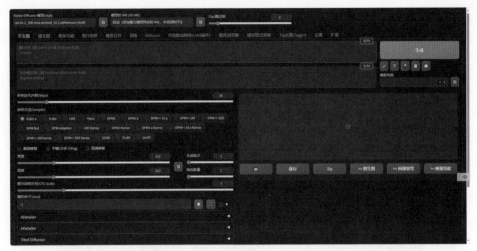

图 2-32

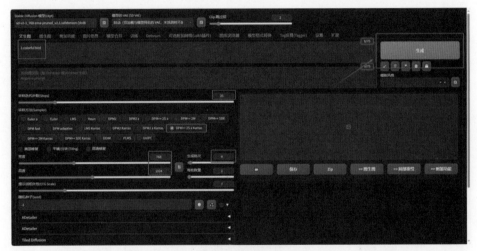

图 2-33

图 2-34

（4）在生成的结果中，第一张是生成结果的缩略图，如图 2-35 所示。

图 2-35

（5）通过对比看到图 2 和图 4 比较接近人们对画面的审美需求，如图 2-36 所示。这样就完成了彩色小鸟的创作过程。

图 2-36

2.4　用 Stable Diffusion 生成童话城堡

本节在使用 Stable Diffusion 的基础模型的前提下，尝试用图生图功能生成一个七彩的美丽城堡图像。

（1）打开 Stable Diffusion 的 Web UI 界面，进入"图生图"页面，如图 2-37 所示。

图 2-37

（2）在上传图像区插入准备好的图像，如图 2-38 所示。

图 2-38

（3）在提示词区域输入 Panoramic view，a colorful and beautiful castle，a fairy tale world（全景画面，一个七彩的美丽城堡，童话世界），设置"采样迭代步数"为 35、"采样方法"为 DPM++ 2S a Karras、"宽度"为 1024、"高度"为 575、"生成批次"为 4、"提示词相关性"为 8.5、"重绘幅度"为 0.5，如图 2-39 所示。

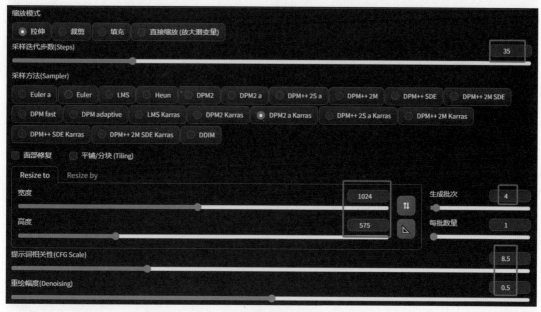

图 2-39

（4）单击"生成"按钮，等待几分钟，就完成了图像的生成，如图 2-40 所示。

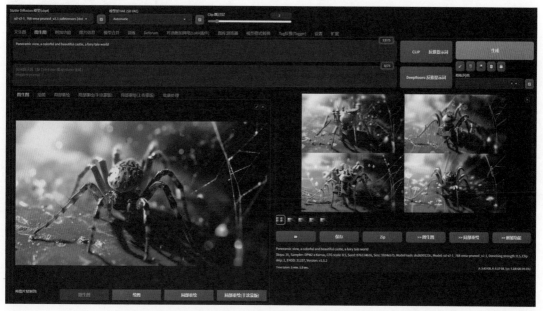

图 2-40

（5）生成的结果中，第一张是生成结果的缩略图，如图 2-41 所示。

图 2-41

（6）通过对比看到右下角的图比较接近人们对画面的审美需求，如图 2-42 所示。这样就完成了城堡的创作过程。

图 2-42

（7）如果大家觉得画面细节有所欠缺，则需要增加"采样迭代步数"的值，设置为 65 后再次生成，如图 2-43 所示。生成的新的缩略图如图 2-44 所示。

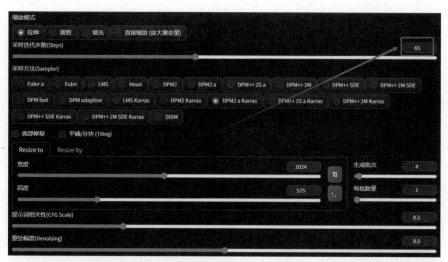

图 2-43

图 2-44

2.5　用 Stable Diffusion 替换人物服装

本节给人物图像进行服装替换操作。Stable Diffusion 的局部重绘功能是其图像生成应用中的一个核心特性，它允许用户对图像的特定部分进行再创作，从而实现更加细致和可控的图像编辑。

局部重绘功能主要依赖于蒙版的使用。用户可以通过画笔工具在图像上涂抹需要修改的部分，这部分区域即被蒙版覆盖。之后，Stable Diffusion 会根据用户的指示和提供的正向提示词对蒙版区域进行重绘，而图像的其他部分保持不变。

（1）启动 Stable Diffusion 的 Web UI 界面，这是进行图像生成和编辑的主要平台。

（2）选择图生图功能，在"图生图"页面中用户可以找到局部重绘的选项，如图 2-45 所示。

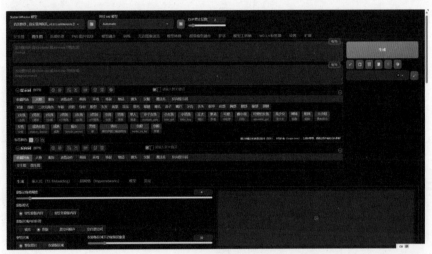

图 2-45

（3）通过上传自己的图像，或者使用从图生图功能中发送过来的图像进行局部重绘，如图 2-46 所示。

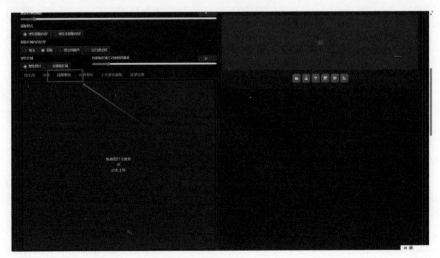

图 2-46

（4）使用局部重绘功能来修改图像中衣服的颜色及款式。在局部重绘界面中，用户可以使用画笔工具在图像上涂抹需要修改的部分，涂抹后的区域即被蒙版覆盖。用户还可以根据需要调整蒙版的模糊程度，以及选择重绘蒙版内容还是重绘非蒙版内容，如图 2-47 所示。

（5）更改笔刷的大小，如图 2-48 所示。

图 2-47

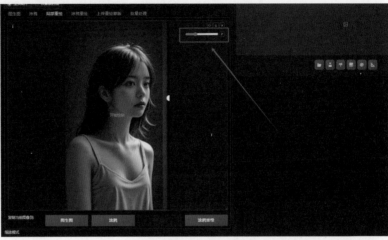

图 2-48

（6）将要更改的地方使用笔刷进行涂抹，如图 2-49 所示。

（7）设置"蒙版模式"为"重绘蒙版内容"，设置"蒙版区域内容处理"为"原版"，设置"重绘区域"为"整张图像"，如图 2-50 所示。

（8）设置"迭代步数"为 30，将"重绘尺寸"设置为上传图像的尺寸，或者设置为图像尺寸的不同倍数，否则图像会出现拉伸情况。设置"重绘幅度"为 0.5，重绘幅度越大，与原图越不相符，反之越符合原图，如图 2-51 所示。

图 2-49

图 2-50

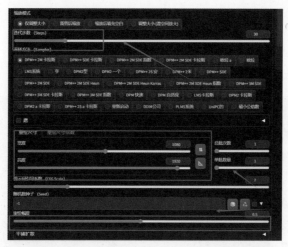

图 2-51

（9）在正向提示词框中输入 Orange clothes，shirt（橙色衣服，衬衫），如图 2-52 所示。

图 2-52

（10）单击"生成"按钮，原图将被局部修改（更改了衣服的颜色及款式），如图 2-53 所示。

图 2-53

第 3 章

Stable Diffusion 模型详解

在 AI 绘画中通常会采用两种类型的模型，即大型模型和用于微调这些大型模型的小型模型（简称小模型）。大型模型主要指的是标准的 Latent Diffusion 模型，它集成了完整的 Text Encoder、U-Net 和 VAE 组件。鉴于微调大型模型对显卡和计算能力的要求较高，许多人转而使用小型模型。这些小型模型通过作用于大型模型的不同组成部分，以简洁的方式调整大型模型，以达到预期的艺术效果。

3.1 全部模型类型总结及使用方法

常见的用于微调大型模型的小型模型有 Textual Inversion（常被称为 Embedding 模型）、Hypernetwork 模型和 LoRA 模型。另外还有一种名为 VAE 的模型，其作用类似于滤镜，能够调整画面的色彩及一些细微的视觉效果。值得注意的是，虽然大型模型本身已内置 VAE，但在某些融合模型中 VAE 可能会出现问题，此时便需要借助外部 VAE 来进行修复。

目前，AI 绘画常用的模型后缀名有 .ckpt、.pt、.pth、.safetensors，此外还包括 .png、.webp 这类特殊的图像格式。这些后缀名虽然代表标准模型，但是仅凭后缀名无法明确区分模型的具体类型。

.ckpt、.pt 和 .pth 是 PyTorch 框架的标准模型保存格式，由于使用了 Pickle 技术，可能存在一定的安全风险。.safetensors 则是一种新兴的、更安全的模型格式，它能通过工具与 PyTorch 模型进行无缝转换。

鉴于不同类型的模型在绘画过程中的作用各异，用户在使用时需要明确模型的类型，并采用正确的方法激活模型，以确保其有效运作。

3.1.1 Dreambooth 大模型

Dreambooth 大模型通常采用 .ckpt 格式，一个完整的 .ckpt 文件包含 Text Encoder、Image Auto Encoder&Decoder 以及 U-Net 这三个关键结构。其中，U-Net 作为 Stable Diffusion（SD）的主要架构，包含 12 个输入层、一个中间层和 12 个输出层。据 Github 用户 ThanatosShinji 估算，U-Net 的总参数量约为 8.59 亿。该大模型的文件大小可达 GB 级别，常见 2GB、4GB、7GB 等不同规格的模型。然而，模型的大小并不直接决定其质量。其存放位置如图 3-1 所示。

图 3-1

3.1.2　Embedding 模型

　　Embedding 模型（Textual Inversion）的常见格式有 .pt 文件、.png 图像和 .webp 图像，其文件大小通常处于 KB 级别。该模型的存放位置如图 3-2 所示，用户在使用该模型时请参考图 3-3 中的步骤进行操作。

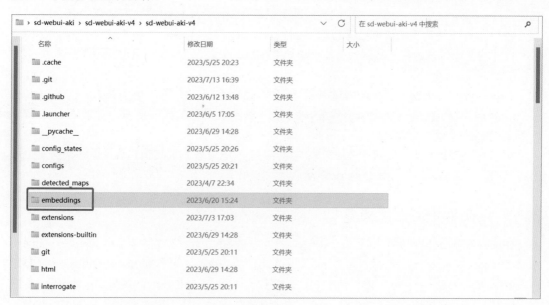

图 3-2

图 3-3

3.1.3　Hypernetwork 模型

Hypernetwork 模型的常见格式为 .pt，其文件大小的范围比较广泛，从几十兆到几百兆都有可能出现。由于此类模型具有高度的自定义性，参数众多，所以一些实现特殊效果的 Hypernetwork 模型可能达到 GB 级别。该模型的存放位置如图 3-4 所示。

名称	修改日期	类型	大小
adetailer	2023/5/25 20:25	文件夹	
BLIP	2023/4/15 17:52	文件夹	
Codeformer	2023/5/25 20:11	文件夹	
ControlNet	2023/4/15 12:52	文件夹	
deepbooru	2023/5/25 20:11	文件夹	
deepdanbooru	2023/2/24 17:07	文件夹	
ESRGAN	2023/5/25 20:11	文件夹	
GFPGAN	2023/5/25 20:11	文件夹	
hypernetworks	2022/12/20 21:18	文件夹	
karlo	2023/5/25 20:11	文件夹	
LDSR	2022/11/1 23:19	文件夹	
Lora	2023/7/11 20:09	文件夹	
LyCORIS	2023/6/20 15:20	文件夹	

sd-webui-aki › sd-webui-aki-v4 › sd-webui-aki-v4 › models ›

图 3-4

3.1.4　LoRA 模型

LoRA 模型的全称为 Low-Rank Adaptation，其核心在于 Low-Rank，即该模型通过训练远小于原始模型尺寸的低秩矩阵来学习并生成特定的画风和人物特征。在推理过程中，将 LoRA 部分的权重与原始权重相加，以实现特定风格的创作。LoRA 模型的一大优势在于其训练的高效性，若原模型的训练维度为 d×d 的 W 矩阵，LoRA 则仅需训练一个（d，r）的矩阵 A 和一个（r，d）的矩阵 B，其中 r 远小于 d，从而显著地减少了训练参数的数量和文件大小（例如，128 维的 LoRA 模型大小约为 147MB，远小于最小的 .ckpt 文件，后者可达 1.99GB）。LoRA 模型的常见格式为 .pt 和 .ckpt，其文件的大小通常在 8MB 至 144MB 之间，其存放位置如图 3-5 所示。

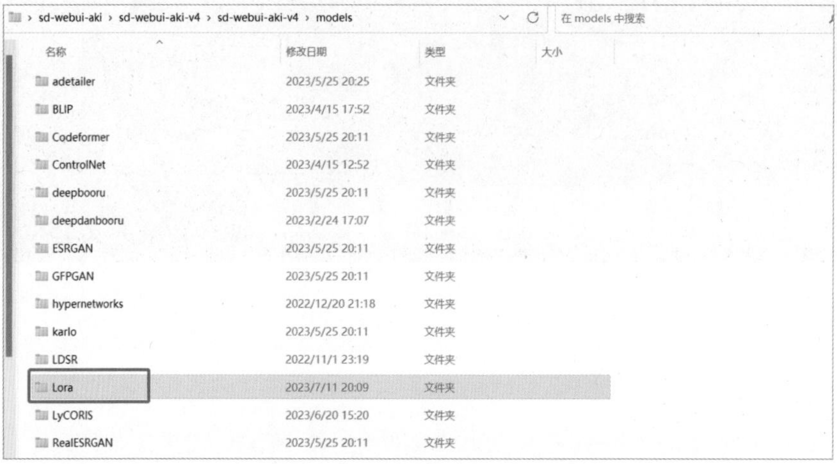

图 3-5

LoRA 模型目前有两种使用方法，一种是通过插件 Additional Networks 来应用，此方法允许用户最多同时使用 5 个 LoRA 模型，如图 3-6 所示。

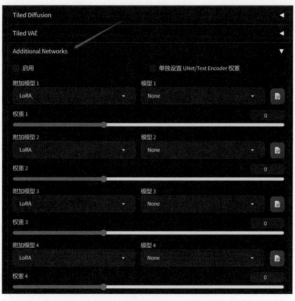

图 3-6

另一种使用 LoRA 模型的方法是在新版本中直接原生支持，此时模型需要被放置在 models\Lora 文件夹内。其使用方法如图 3-7 所示，在单击一个模型后，会在提示词列表中自动添加一个类似 <LoRA: 模型名 : 权重 > 的标签。用户也可以直接使用这个标签来调用相应的 LoRA 模型。

图 3-7

3.1.5　VAE 模型

VAE 模型通常以 .pt 格式存在。在正常情况下，每个大模型都内置了 VAE 权重。然而，在 Web UI 中还有一种可选项，被称为"外挂 VAE 模型"。这些外挂 VAE 模型通常只在大模型内置的 VAE 出现问题、损坏，或创作者对其效果不满意时，才会被手动选择并使用。一旦选择了外挂 VAE 模型，大模型原本内置的 VAE 权重将完全失效。该模型的存放位置如图 3-8 所示。

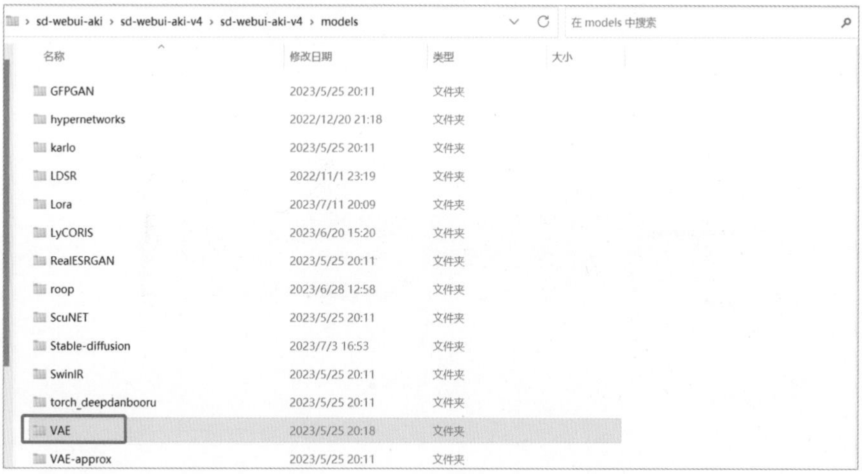

图 3-8

3.2　LoRA 模型训练

LoRA 模型通过在原有模型中嵌入新的数据层，无须对整个模型进行大规模修改，即可实现显著的效果提升。因此，从训练时间、模型大小和质量等方面来看，LoRA 模型都表现出较高的效率。若用户需要快速实现风格化或固定人物形象，训练 LoRA 模型无疑是最佳选择。目前，多数 LoRA 训练脚本都是基于 GitHub 社区中 bmaltais 的 kohya_ss 项目开发的。接下来介绍该项目中最基本的 LoRA 训练流程。

3.2.1   安装训练脚本

由于国内作者已经对该项目进行了汉化整合，建议大家直接下载国内作者所提供的版本。

（1）在 GitHub 社区中搜索 lora-scripts，进入对应的代码页面。下滑页面可以找到作者给出的详细安装说明，如图 3-9 所示。

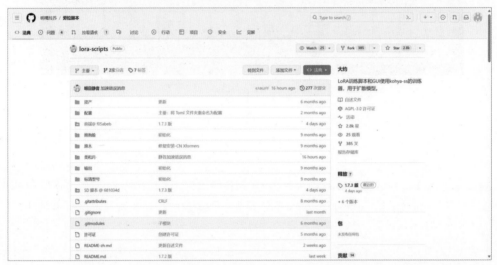

图 3-9

如果之前已经部署了 Stable Diffusion，那么 LoRA 训练脚本所需的依赖项很可能已经安装，因此无须重复安装。图 3-10 展示了依赖项已安装的示例。

图 3-10

（2）按 Windows 键，搜索关键词 PowerShell，找到后右击，在弹出的快捷菜单中选择"以管理员身份运行"选项，如图 3-11 所示。

（3）输入 Set-ExecutionPolicy Unrestricted，并按 A 键确认，如图 3-12 所示。

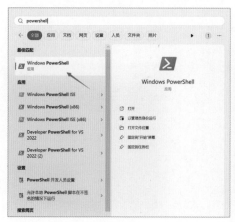

图 3-11　　　　　　　　　　　　　　　　　图 3-12

（4）在希望安装的位置创建一个名为 train 的文件夹（建议不要安装在 C 盘，最好选择其他磁盘分区），然后在该 train 文件夹内新建一个名为 kohya_ss 的文件夹，因为接下来的脚本需要在 kohya_ss 文件夹的路径下运行。当然，创作者也可以根据个人喜好修改文件夹的名称，如图 3-13 所示。

图 3-13

（5）按照之前的步骤，再次以管理员身份打开 PowerShell。使用 CD 命令切换到包含 kohya_ss 文件夹的磁盘及目录，然后通过输入 git clone --recurse-submodules https://github.com/Akegarasu/lora-scripts 来复制仓库，如图 3-14 所示。

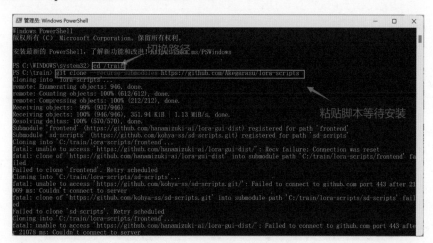

图 3-14

（6）安装完成后，通过右击，选择"使用 PowerShell 运行"来执行 lora-scripts 文件夹下的 install-cn.ps1 文件，如图 3-15 所示。

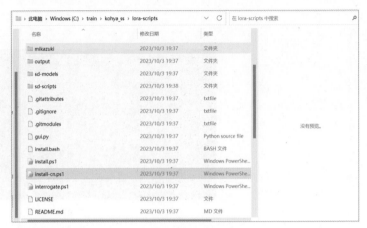

图 3-15

输入 y 并按 Enter 键，等待脚本自动安装所需的环境依赖，如图 3-16 所示。

图 3-16

（7）如果安装过程一切顺利，将出现"安装完毕"的提示，如图 3-17 所示。之后运行该脚本，将自动在浏览器中打开一个新的页面，如图 3-18 所示。

图 3-17

图 3-18

3.2.2　训练器的主要参数

LoRA 训练的界面被设计为两种模式，其中，新手模式仅包含最主要的参数设置，如学习率、优化器、批次大小和网络结构等，以满足训练的最基本需求。该界面如图 3-19 所示。

图 3-19

专家模式则提供了所有可调参数的选项，允许用户在训练过程中进行更细致的模型调整。该界面如图 3-20 所示。

下面对一些关键参数的功能进行简单介绍。

在初始选项中，用户可以选择训练的种类，目前支持针对 SD（Stable Diffusion）或 SDXL（Stable Diffusion XL）模型进行训练。尽管 SDXL 推出后，因其出图精度更高，有成为未来主流选择的趋势，然而，仍有许多人依旧选择 SD 1.5 版本，这是由于它相对稳定，对计算机配置的要求相对较低。此外，SDXL 不支持原有的底模和 LoRA 模型，需要重新训练。在选择底模时，建议大家尽量选择非融合模型，这样模型的泛用性会更好，如图 3-21 所示。

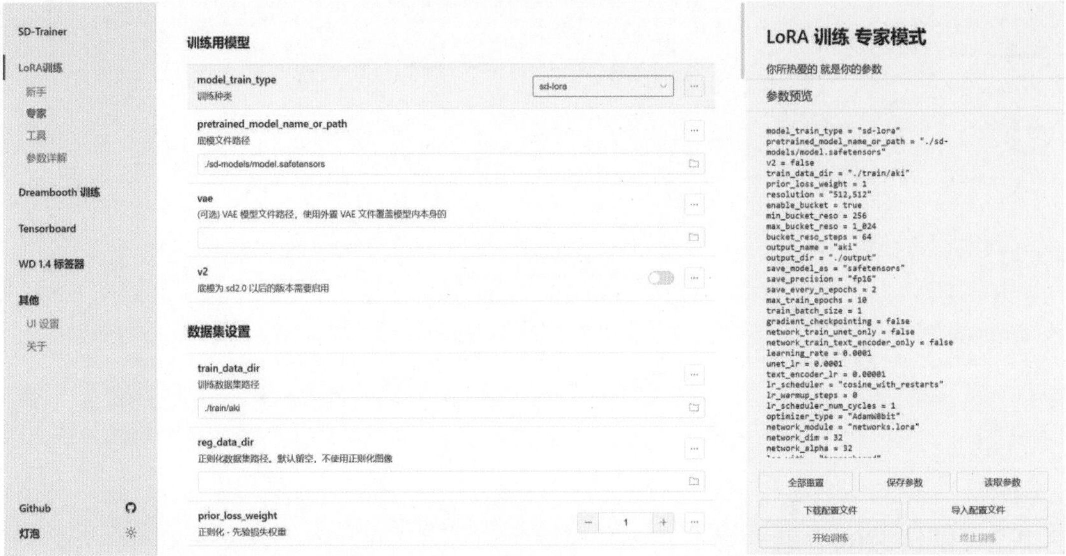

图 3-20

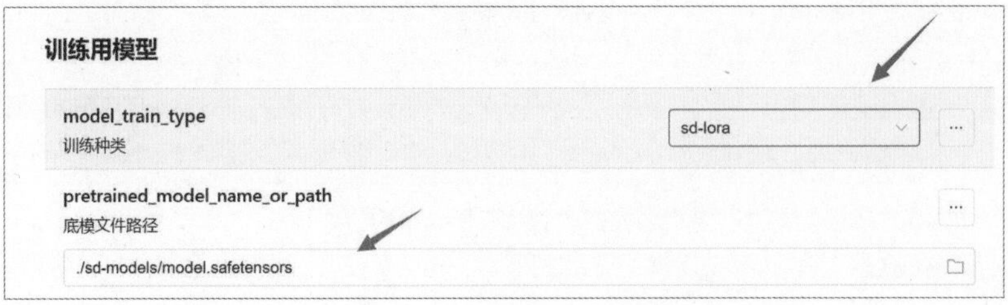

图 3-21

在训练神经网络时，学习率调整策略（lr_scheduler）中的学习率是一个极其关键的参数，它决定了在优化过程中每一步更新模型参数的幅度。若学习率过高，可能会导致错过最优解；若学习率过低，则训练过程将变得异常缓慢。因此，选择恰当的学习率调整策略至关重要。当单独设置 U-Net 与文本编码器的学习率后，总学习率的设置将不再生效。在默认情况下，学习率设置为 1e-4，这是一种科学记数法，等同于 0.0004。文本编码器的学习率通常设置为总学习率的一半或十分之一，这样效果更佳，如图 3-22 所示。

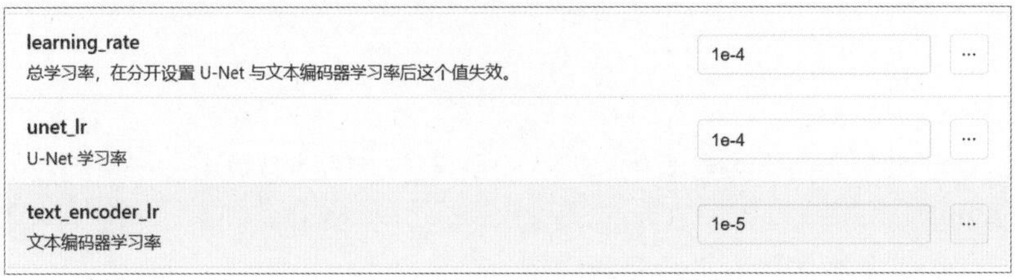

图 3-22

余弦重启（cosine_with_restarts）是一种常用的学习率调整策略。其核心理念是在训练过程中学习率按照余弦函数的形状逐渐降低。在训练初期采用较高的学习率，以迅速接近最优解；随着训练的进行，通过逐步降低学习率来避免错过最优解。若启用预热（warmup）阶段，预热步数通常应占总步数的 5% 至 10%，如图 3-23 所示。

图 3-23

批量大小（Batch Size）是另一个至关重要的参数。一般来说，批量大小越大，每一步的梯度估计就越准确，这允许用户使用更大的学习率来加速模型的收敛过程。然而，批量大小的增加也会导致显存需求的显著增加。因此，在选择批量大小时，需要仔细权衡训练速度和显存使用两者之间的平衡，如图 3-24 所示。

图 3-24

优化器是用于更新模型参数的算法。这里介绍三种常用的优化器。

- AdamW：这是 Adam 优化器的一个改进版本，引入了权重衰减（weight decay）机制，以防止过拟合。
- Lion：由 Google Brain 提出的新优化器，它在多个方面均优于 AdamW，并且具有更少的显存占用。
- D-Adaptation：由 Facebook 开发的一种自适应学习率优化器，它能够自动调整学习率，无须用户手动设置，如图 3-25 所示。

图 3-25

网络结构是决定模型性能的核心要素。LoRA、LoCon、LoHa 和 DyLoRA 是 4 种不同的网络结构，它们分别对应了不同的矩阵低秩分解方法。这些方法共同的目标是通过简化模型复杂度来提升性能，如图 3-26 所示。

图 3-26

　　网络维度和网络 Alpha 是两个关键参数。这两个参数的选择应基于实际的训练集图像数量以及所采用的网络结构。网络 Alpha 在训练过程中用于缩放网络的权重，Alpha 值越小，学习速度越慢，如图 3-27 所示。

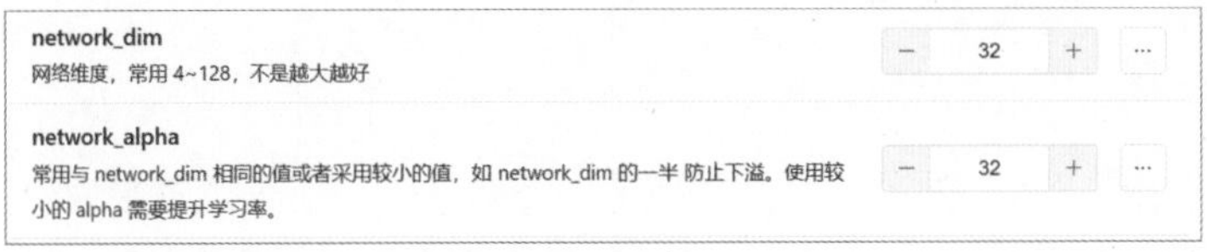

图 3-27

　　Caption Dropout 是一种旨在防止过拟合的技术，特别适合训练依赖于大量标签（caption）指导的神经网络。在训练过程中，如果模型过度依赖于这些标签，可能会导致过拟合现象，即模型在训练数据上表现优异，但在未见过的数据上表现不佳。为了防止出现这种情况，可以采用 Caption Dropout 技术。该技术涉及两个关键参数，即 caption_dropout_rate 和 caption_tag_dropout_rate。caption_dropout_rate 控制完全丢弃图像标签（即不使用 caption 或 class token）的概率；caption_tag_dropout_rate 则是针对以逗号分隔的标签，按概率随机丢弃部分 tag 的概率，如图 3-28 所示。

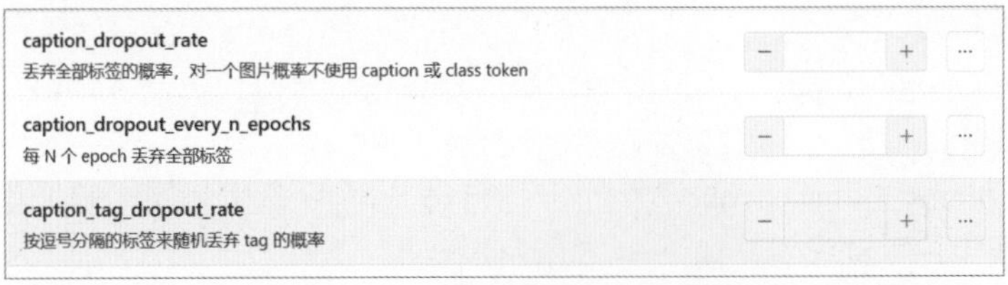

图 3-28

　　噪声偏移（Noise Offset）是一种用于提升模型生成图像质量的技术。在图像生成的过程中向模型输入适量的随机噪声，可以增加生成图像的多样性。然而，对于噪声的大小需要合理控制，噪声过大或过小都可能对生成图像的质量产生不利影响。为了优化这一过程，创作者可以采用噪声偏移技术。该技术通过在训练过程中引入全局噪声来扩宽图像亮度的变化范围，使得模型能够生成更暗或更亮的图像。如果决定启用噪声偏移，推荐将其值设置为 0.1，如图 3-29 所示。

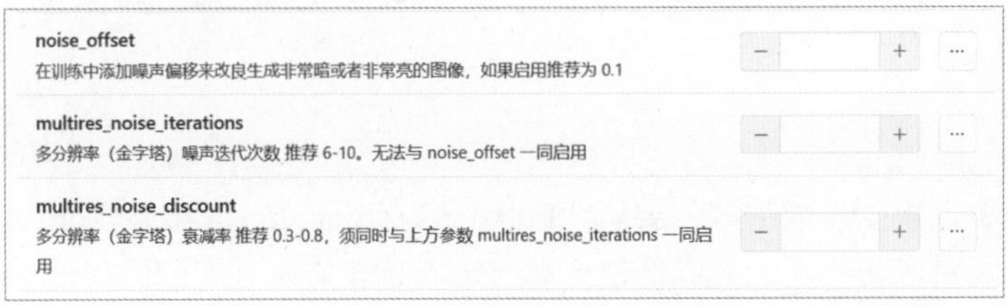

图 3-29

3.2.3　数据集的选择与处理

数据集是 AI 模型训练的基石，通常由 PNG 或 JPG 格式的图像组成。数据集的质量、多样性和数量对于最终模型的表现至关重要。

高质量的数据集（如人物细节丰富、具有超高分辨率的图像）比低质量的数据集（如细节不足、模糊或人物建模简单的图像）更具优势，因为前者能提供更多信息，有助于模型深入学习和理解任务。此外，包含多角度、多样表情和体位的训练集优于仅包含正面和少量侧面视角的训练集，这是因为多角度和多样表情的数据能提供更丰富的信息，使模型能更准确地理解和生成人物。

对于同一原图，采用不同裁剪方式（远、中、近景）比单纯对原图进行自动处理更有效，因为不同的裁剪方式能展示不同的视角和细节，有助于模型更全面地理解和生成人物。

在处理服装和角色时，将不同服装但同角色的训练集分配到不同的概念（concept）中，比将它们混放在一个 concept 中更有优势。这是因为不同的服装可能影响模型对角色的识别，分开处理有助于模型更好地区分它们。

对于图像数量，丰富的训练集可以通过适当提高重复率（repeat）来满足特定需求，因为更多的图像意味着能提供更多的信息，有助于模型更好地学习和理解任务。

当训练集素材稀缺时，可以从现有素材中挑选出质量最高的一小部分图像，并通过切分这些图像来扩充细节，从而增加数据集的多样性和数量。下面以某游戏中的角色为例，详细说明具体操作步骤。

（1）观察完整的图像（此处展示的是 3D 模型的截图），如图 3-30 所示。

由于模型的背景相对简单，为了消除对人物的潜在干扰并提升模型的泛用性，建议创作者自行对图像进行抠图处理，将背景替换为白色或其他纯色背景，以便于后续通过标签来去除背景。此外，在 3D 软件环境中，创作者可以通过旋转、放大和缩小操作来捕捉角色的各个细节，建议在截取时保持统一的比例，以确保图像的一致性和可用性。3D 模型的背面及侧面图如图 3-31 所示，正面和反面特写如图 3-32 所示。

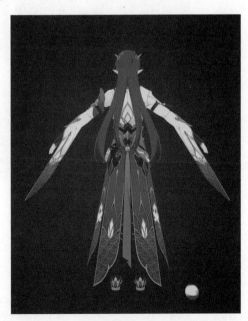

图 3-30

图 3-31

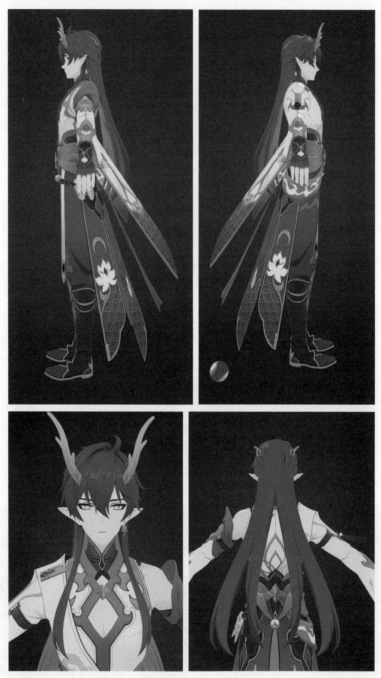

图 3-32

　　（2）当图像之间存在明显的关系时，通常训练出的模型不太容易出现图像崩坏的情况。对于其他图像，主要目标是追求更多样化的角度，如背后视角、俯视特写、侧身等，以丰富模型的视角表现。此外，还需要补充不同动作与表情的图像，以进一步提升模型的全面性和表现力。

　　（3）Tag 打标处理：在打标过程中，可以选择全标或部分标注。全标即将所有标签都用于训练，这有助于模型学习更多信息，提高拟合度，但可能引入画风污染并延长训练时间。部分标注则能提高模型的泛化能力，但由于缺少部分标签，在训练过程中损失函数可能无法准确地反映模型的拟合程度，导致损失值在高位波动。因此，在采用此训练方法时，建议重点观察试渲染图而非单纯地依赖损失率。

（4）自定义剔除部分特征：这是一种灵活且有效的标签处理策略，允许用户根据需求删除不必要或不相关的标签，并通过设置触发词提升模型的调用效率。例如，可以删除如 pointy ears（尖耳朵）、hair_between_eyes（眼睛间的头发）、blue eyes（蓝眼睛）等人物特征标签。若希望将人物与某些特征绑定，则需要同时删除相关特征标签，如 horns（角）、multicolored hair（多彩头发）等，如图 3-33 所示。

图 3-33

（5）必须保留的关键部分包括人物动作（如 stand、sit、lying、holding）、人物表情（如 smile、close eyes 等）、背景（如 simple_background、black_background）以及视角类型（如 full_body、upper_body、close_up 等）。简而言之，训练文本中出现的标签，在使用 LoRA 模型时可以进行替换；未被打上标签的部分则会固化在模型中，无法进行更改。

3.2.4　开始训练

下面开始进行模型的训练。

（1）打开训练器，选择合适的训练类型、底模以及 VAE。由于此处训练的模型是 LoRA，所以选择 sd-lora 选项。对于动漫风格的底模，通常选择 anything-v5，而写实类一般选择 chilloutmix NIPrunedF。这两个底模训练出的模型通常具有较好的泛用性，如图 3-34 所示。

图 3-34

（2）打开训练器脚本文件目录，定位到 train 文件夹。在 train 文件夹内新建一个文件夹，该文件夹的名称可以根据模型的名称来命名。接着在新建的文件夹内部再创建一个文件夹，该文件夹的名称须遵循"数字_名字"的格式。然后将事先准备好的素材以及对应的标签全部放入这个新建的文件夹中，如图 3-35 所示。

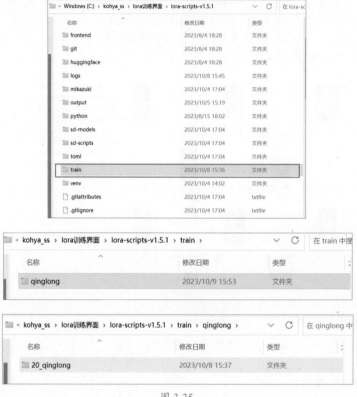

图 3-35

（3）训练数据集路径应选择为存放素材的上级目录，即之前设置的"数字_名字"文件夹的父级文件夹。分辨率通常设置为 64 的倍数，常见的分辨率有 512×512 像素、512×768 像素。其他参数在此阶段可以暂时保持默认设置，如图 3-36 所示。

图 3-36

（4）为模型取一个合适的名字，并设置好保存模型的文件夹路径。其他参数可以暂时保持不变，如图 3-37 所示。

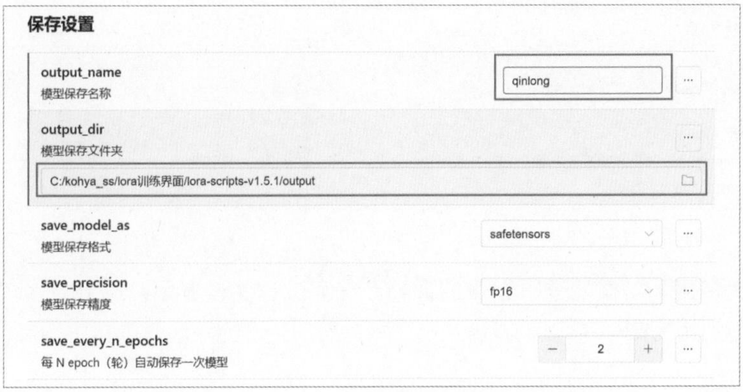

图 3-37

（5）max_train_epochs 除以 save_every_n_epochs 的结果即为最终获得的模型数量。保存的模型数量越多，获得优质模型的概率也会相对增加，但并非越多越好，因为过多的模型会增加训练时长，并可能导致过拟合问题。

train_batch_size 的设置应基于可用的显存资源来确定。较大的 batch_size 有助于梯度更加稳定，同时允许使用更大的学习率来加速模型收敛，但会相应地增加显存占用。一般来说，如果 batch_size 翻倍，可以尝试将 U-Net 的学习率也翻倍，但 Transformer Encoder（TE）的学习率不应增加过多，以保持训练的稳定性，如图 3-38 所示。

图 3-38

（6）学习率默认设置为 1e-4，而文本编码器（如 Transformer Encoder）的学习率通常为 U-Net 学习率的一半或十分之一。当启用 U-Net 特定的学习率设置后，全局的 learning_rate 参数将不再生效。若在训练过程中发现模型欠拟合，可尝试提高学习率；反之，若出现过拟合现象，则需降低学习率，如图 3-39 所示。

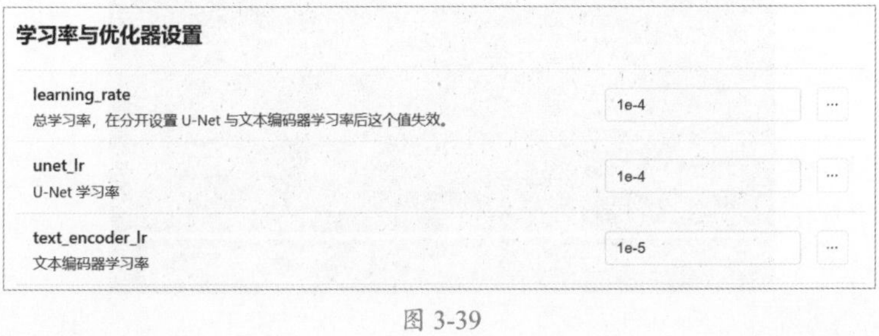

图 3-39

（7）在动漫风格的网络设置中，网络维度常设置为 32，用于一般元素；对于人物，网络维度常设置在 32 至 128 之间；而对于实物和风景等复杂场景，网络维度通常设置为大于或等于 128，以确保有足够的细节捕捉能力，如图 3-40 所示。

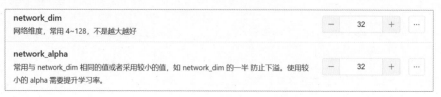

图 3-40

其他参数大多用于对模型进行细微的调整。在完成这些设置后，即可单击"开始训练"按钮，并等待模型训练完成。

3.2.5　验证模型

下面进行模型的验证。

（1）当模型训练全部完成后，可以在最初设置的输出目录中找到生成的模型文件。作为创作者，需要将这些模型文件剪切到 Stable Diffusion 的 Lora 模型文件夹中，以便后续使用，如图 3-41 所示。

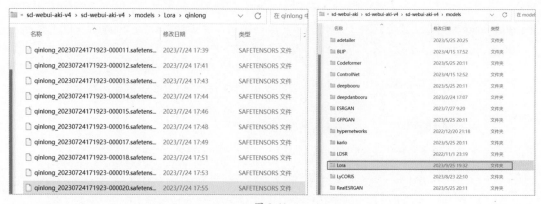

图 3-41

（2）在将模型放置妥当后，下一步是打开 Stable Diffusion，并导航至下方的脚本区域。在这里选择 X/Y/Z plot 选项，以便做进一步的调整或应用，如图 3-42 所示。

图 3-42

（3）在界面上方可以选择输入之前训练文本中的提示词，然后从已制作的 LoRA 模型中选择一个，并将其中的数字替换为 NUM（作为占位符或变量名），同时调整其后的强度参数为 STRENGTH（表示强度的自定义变量），如图 3-43 所示。这样就可以根据需要调整模型的应用强度了。

图 3-43

（4）再次来到界面下方的脚本区域，将 X 轴和 Y 轴的类型都更改为 "Prompt S/R"。在 X 轴的值框中，首先在之前更改的 NUM 后面加上英文逗号，然后再填入模型的数字。对于 Y 轴的值框，同样先填入更改的 STRENGTH，然后再填入具体的强度值。由于 LoRA 模型在强度低于 0.6 时效果可能不太明显，为了节省时间，可以从 0.6 开始设置强度值。注意，这里的所有逗号都必须是英文逗号，使用中文逗号将会导致错误，如图 3-44 所示。

（5）等待生成过程完成后将获得一张对比图表，该图表展示了每个模型在不同强度下的变化效果，通过这张图表可以轻松找到表现最优的模型并进行保存。至此，LoRA 模型的全部训练步骤便已完成，如图 3-45 所示。

图 3-44

图 3-45

3.3　在 Web UI 中使用麦穗写实大模型

下面使用下载的"麦穗写实大模型"来生成写实风格的人物图像。

（1）将下载好的大模型放在 models 的 Stable-diffusion 文件夹中，如图 3-46 所示。

图 3-46

（2）启动 Web UI，在界面的左上角将会看到下载好的模型列表，选用麦穗写实大模型来进行出图，如图 3-47 所示。

图 3-47

（3）在正向提示词框中输入提示词 1girl（一个女孩），如图 3-48 所示。

图 3-48

（4）设置好采样步数及采样方法，以及图像的分辨率大小，单击"生成"按钮，便得到了使用麦穗写实大模型生成的女孩图像，如图 3-49 所示。

图 3-49

（5）换一个大模型来生图。选用勾线彩画风大模型同样来生成女孩图像，正向提示词依旧是 1girl（一个女孩），如图 3-50 所示。

图 3-50

（6）图像的大小参数及采样方法、采样步数保持不变，即可得到勾线彩画风大模型所生成的图像，如图 3-51 所示。

图 3-51

3.4　在 Web UI 中使用勾线彩画风大模型

下面使用下载的"勾线彩画风大模型"来生成彩绘风格的人物图像。

（1）将下载好的大模型放在 models 的 Stable-diffusion 文件夹中，然后在 Web UI 界面的模型列表中选择勾线彩画风大模型。

（2）在正向提示词框中输入 1girl，Wearing orange clothes，long hair，on a country road，

Tindar effect light，high quality，8K，<lora:MW_gufengsm_v11:0.4>，<lora:PP_20231011220007:0.6>（女孩，穿着橙色衣服，长发，在乡间小路上，丁达尔效果光，高画质，8K）。

　　然后选择 LoRA 模型为油画彩绘风和国风水墨水彩风格，并调整其权重比例。在反向提示词框中输入 NSFW，logo，text，blurry，lowquality，monochrome，grayscale，watermark，signature，（badbody:1.2），（extra arms:1.1），（extra limb:1.2），malformed hands，ugly，（disfigured:1.2），中文含义为"NSFW，标识，文字，模糊，低质量，单色，灰度，水印，签名，（坏身体:1.2），（多余的手臂:1.1），（多余的肢体:1.2），畸形的手，丑陋的，（毁损:1.2）"，如图 3-52 所示。

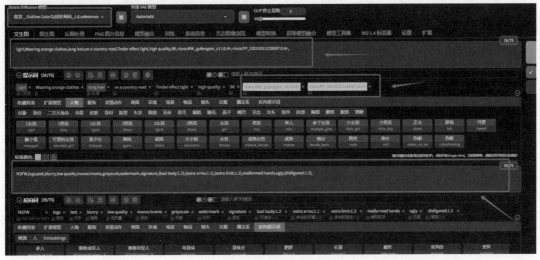

图 3-52

　　（3）在采样方法中选择 Euler a，将迭代步数设置为 30，宽度和高度分别设置为 504 像素、768 像素，总批次数设置为 1，单批数量设置为 4（可以一次性生成 4 张图像），如图 3-53 所示。

图 3-53

（4）单击"生成"按钮，即可看到生成的 4 张图像，如图 3-54 所示。

图 3-54

3.5　LoRA 的组合使用

在 Stable Diffusion 中，除了有大模型外还有进一步控制风格的 LoRA 模型。下面尝试

LoRA 的组合使用。

（1）将下载好的模型放置在 models 的 Lora 文件夹中，如图 3-55 所示。

图 3-55

（2）打开 Stable Diffusion 的 Web UI 界面，单击 Lora 标签页，如图 3-56 所示。

图 3-56

（3）在 Lora 标签页中可以看到下载好的 LoRA 模型，如图 3-57 所示。

（4）选择两个 LoRA 模型进行组合使用，这里选用可爱清新国风小插画和国风水墨水彩来生图，如图 3-58 所示。

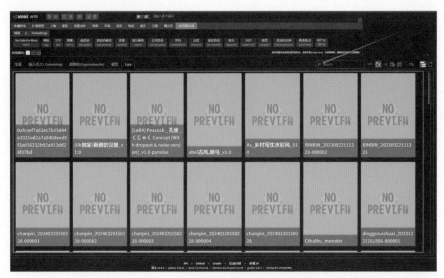

图 3-57

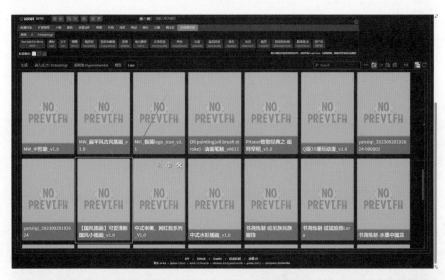

图 3-58

（5）在单击两个 LoRA 模型之后，可以在正向提示词框中看到 LoRA 模型的提示词。LoRA 由名称和一个数字组成，数字代表每个 LoRA 在使用中所占的权重比例。通过调整后面的数字来调整 LoRA 的权重比，如图 3-59 所示。

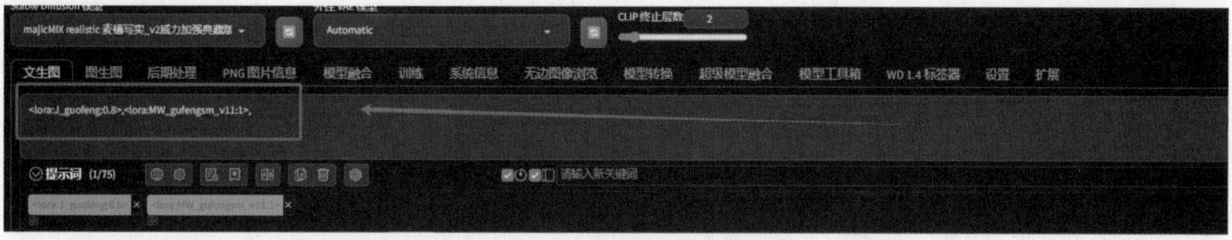

图 3-59

（6）输入提示词 1girl（一个女孩），如图 3-60 所示。

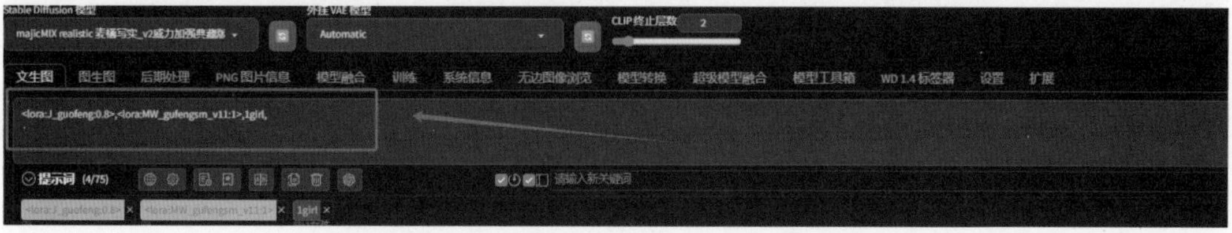

图 3-60

（7）设置采样方法、迭代步数和图像分辨率等参数，如图 3-61 所示。

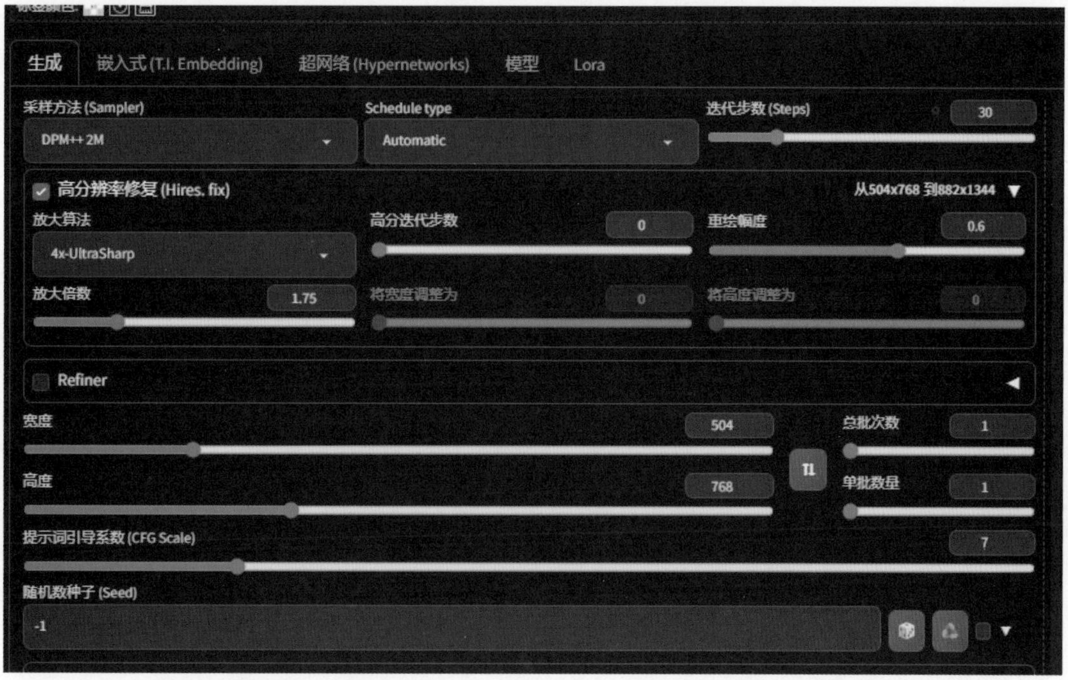

图 3-61

（8）单击"生成"按钮，即可生成两个 LoRA 模型叠加的图像，如图 3-62 所示。

图 3-62

3.6 使用赛博丹炉工具炼制模型

下面在 Stable Diffusion 中使用道玄 AI 的赛博丹炉工具进行 LoRA 模型的炼制。

（1）打开赛博丹炉工具，如图 3-63 所示。

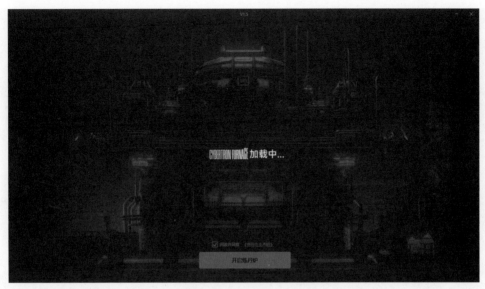

图 3-63

（2）在赛博丹炉工具首页设置相关的参数。选择模型为 Stable Diffusion 的官方 1.5 大模型，在界面最上方的风格区域可以选择人物、产品、画风、建筑等风格，本例准备训练的模型为香水实拍风格（LoRA 模型），选择产品风格，召唤词为 chanpin，用户也可以输入其他的召唤词，如图 3-64 所示。

图 3-64

（3）将搜集到的各种实拍照片导入上传素材选项中，然后可以在界面最下方进行预处理设置，包括裁剪模式设置、图像分辨率大小调整以及自动 Tag 打标设置。通常，上传图像的数量在 40 张至 80 张之间，图像越多，效果往往越好，但相应地训练时长也会增加，同时对显卡的要求也会更高。在完成预处理后，即可进入 Tag 编辑训练集阶段，如图 3-65 所示。

图 3-65

（4）预处理后的图像已自动打标，用户需要对每个图像进行更精细的信息处理。删除多余 Tag，输入更准确、细致的标签，以提高最终炼制的 LoRA 模型的质量，如图 3-66 所示。

图 3-66

（5）进入查看进度选项中的参数调优环节，以调整下一步炼制的参数，如图 3-67 和图 3-68 所示。

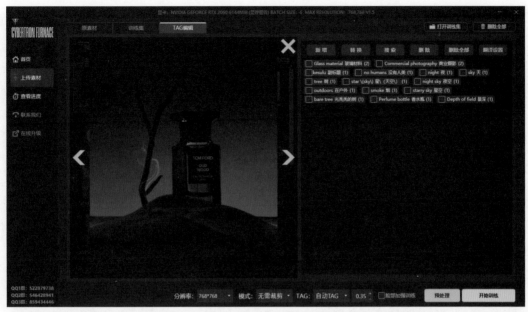

图 3-67

图 3-68

（6）选择学习步数，它代表 AI 对每张图像的学习次数，将其设置为 10，意味着 AI 将对每张图像学习 10 次，增加训练步数将延长训练时长。接着设置循环次数，它指所有上传的训练集图像进行学习的总次数，将其设置为 2，表示训练集图像将被循环学习两次。"每 N 轮保存一个模型"选项决定循环多少次后保存一个模型，将其设置为 1，意味着每完成一轮训练集图像的学习就保存一个模型。

单击"确定"按钮开始训练，稍等片刻即可得到自己的 LoRA 模型。注意，不同显卡的训练时间会有所不同，如图 3-69 所示。

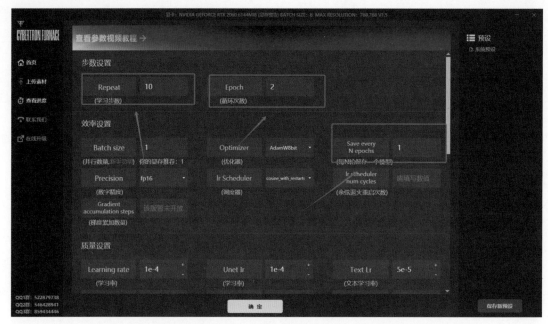

图 3-69

（7）在"进度"页面中可以找到已训练好的模型，并可以将其导入 Stable Diffusion 中进行测试，如图 3-70 所示。

图 3-70

（8）本例训练的香水实拍照片和 LoRA 生图效果，如图 3-71 和图 3-72 所示。

图 3-71

图 3-72

3.7　使用秋叶整合包训练模型

本例训练大模型使用的是秋叶整合包，其包含 Dreambooth 插件、WD 1.4 自动标签识别和标签编辑器等。首先需要准备好训练集。

训练集要求：照片应为 512×512 像素的方形图像，背景需干净且细节充足。虽然照片的数量越多越好，但在训练过程中图像质量的重要性高于数量。

（1）准备一些图像，这里以克苏鲁风格的图像为例。对这些照片进行裁剪，尺寸为 512×512 像素，如图 3-73 所示。

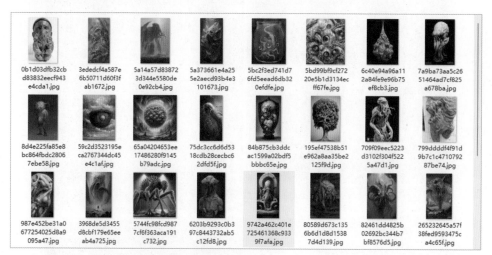

图 3-73

（2）打开秋叶训练整合包，对图像进行 WD 1.4 自动打标设置。找到 WD 1.4 标签器，将图像文件夹的路径复制并粘贴到图像路径栏中，然后单击"启动"按钮，如图 3-74 所示。

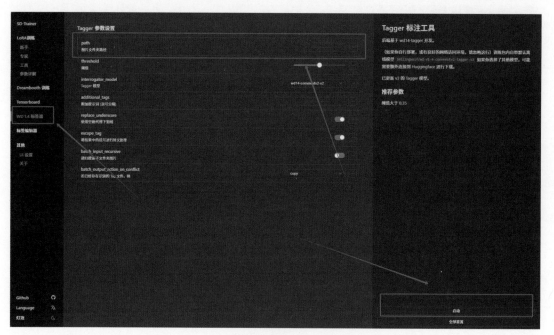

图 3-74

（3）等待几分钟后，原文件夹中会多出许多后缀名为 .txt 的文件，这表明自动标签已完成。接下来需要进一步精准地控制标签，因为标签越精准，最终训练出的模型的质量就越高，如图 3-75 所示。

（4）找到标签编辑器，在文件夹目录中输入图像的文件夹地址，单击"加载"按钮，如图 3-76 所示。

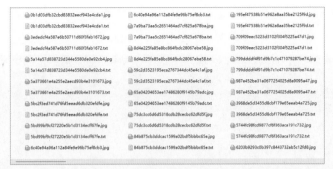

图 3-75

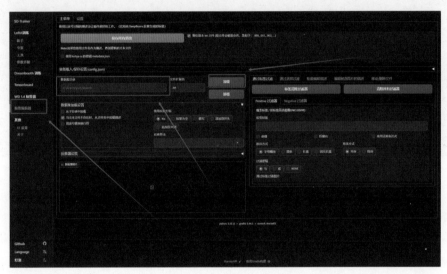

图 3-76

（5）加载出的图像带有标签信息，用户需要在右侧对每个标签进行编辑、删除或添加，以确保标签能够最完美地表达该图像，如图 3-77 所示。

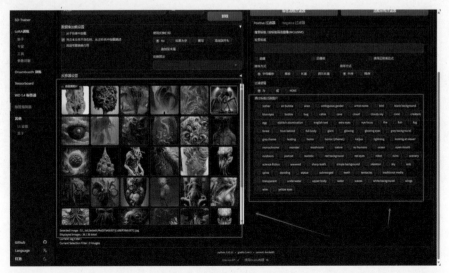

图 3-77

（6）打开 Dreambooth 插件，在模型种类中选择 1.5 模型或 XL 模型，并在下方的底模文件路径中复制并粘贴训练所需要的底模文件路径，如图 3-78 所示。

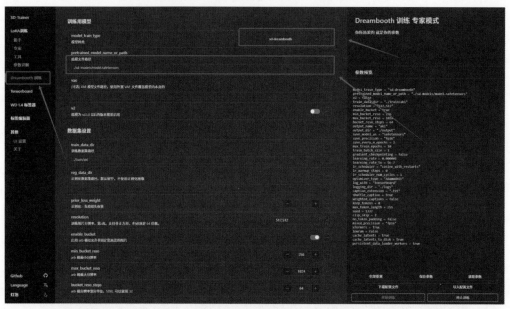

图 3-78

（7）在"训练数据集路径"区域中填入训练集地址。对于其下方的"正则化"选项，大模型通常无须开启，只需准备尽可能多的训练集即可。图像的分辨率建议设置为 512×512 像素，如果设置得过高，可能会导致计算机的显卡崩溃。其余设置保持默认即可，如图 3-79 所示。

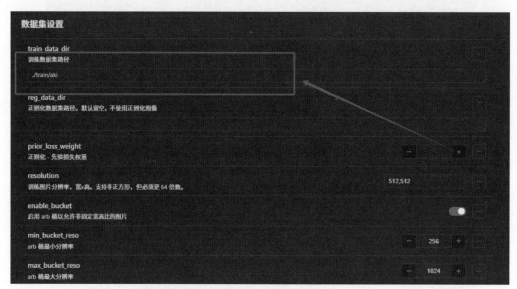

图 3-79

（8）在"保存设置"区域设置模型名称和保存路径，建议将模型保存至空间充足的硬盘，这是因为大模型通常占用较大的空间。保存格式和精度保持默认即可，自动保存模型的频率可根据训练参数及计算机的剩余内存进行调整，建议适当调低，如图 3-80 所示。

图 3-80

（9）在"训练相关参数"区域设置"最大训练 epoch（轮数）"为 10（或调整为 20），"批量大小"常设置为 2 或 4。打开"梯度检查点"选项，以防止显存溢出，并将"梯度累加步数"设置为 8，如图 3-81 所示。

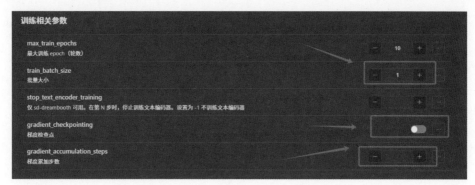

图 3-81

（10）调整完之后单击"开始训练"按钮，用户就可以训练出自己的大模型，如图 3-82 所示。

图 3-82

第 4 章
常用插件的安装及使用方法

Stable Diffusion 作为一种强大的 AI 图像生成模型，拥有众多实用的插件来增强其功能和用户体验。部分插件可能需要特定的硬件或软件环境才能正常运行，用户需要确保自己的设备满足插件运行的要求。

4.1 Stable Diffusion 插件

Stable Diffusion 插件的用法多种多样，主要取决于插件的具体功能和用途。以下是一些常见的 Stable Diffusion 插件及其基本用法。

4.1.1 Stable Diffusion 插件的安装方法

在安装和使用插件时，请确保插件的来源可靠，避免下载和安装恶意软件。插件可能会与 Stable Diffusion 的某些版本不兼容，因此在安装前请仔细阅读插件的说明和兼容性信息。

1. 通过 Web UI 安装

（1）启动 Stable Diffusion Web UI。

（2）切换到"扩展"（Extensions）选项卡。

（3）选择"从网址安装"（Install from URL），将插件的 GitHub 仓库地址或安装链接粘贴到输入框中。

（4）单击"安装"（Install）按钮，等待插件安装完成。

（5）在安装成功后可能需要重启 Web UI，以使插件生效。

2. 手动安装

（1）如果已经下载了插件的安装包，可以将其解压并放置到 Stable Diffusion 的 extensions 目录下。

（2）重启 Web UI，插件将自动加载。

4.1.2 Stable Diffusion 插件的基本用法

在使用插件时，请遵循插件的说明和操作步骤，以避免出现错误或问题。

1. 提示词助手类插件

这类插件通常提供关键词预设、随机灵感关键词等功能。

用户可以通过单击插件提供的关键词将其添加到提示词框中，以生成与关键词相关的图像。

部分插件还支持反向提示词，用户可以通过右击关键词来添加。

2. 图像编辑类插件

这类插件如 Canvas-zoom（画布缩放器）、Face-editor（面部修复插件）等。

用户可以在生成图像后使用这些插件对图像进行缩放、平移、面部修复等操作。

部分插件还支持手涂蒙版功能，用户可以通过绘制蒙版来指定需要编辑的图像区域。

3. 图像生成类插件

这类插件如 Controlnet、Depth-lib 等。

这些插件通常结合提示词使用，可以生成具有特定姿势、手势或背景的图像。

用户需要按照插件的要求输入相应的提示词或控制点，然后生成图像。

4. 模型管理类插件

这类插件如 Civitai-Helper、Civitai-extension 等。

这类插件提供模型信息的下载、预览图管理等功能。

用户可以通过插件方便地管理自己的模型资源，并检查是否有新版本可供更新。

5. 其他高级插件

这类插件如 Latent Couple（手涂蒙版定位插件）、Agent Scheduler（时间管理大师）等。

这些插件提供了更高级的功能，如精确定位蒙版区域、自动化管理生成任务等。

用户需要根据自己的需求选择合适的插件，并按照插件的说明进行操作。

4.1.3　Stable Diffusion 常用插件

Stable Diffusion 作为一种强大的 AI 图像生成模型，拥有众多实用的插件来增强其功能和用户体验。这些插件涵盖了从图像生成、编辑到模型管理等多个方面，为用户提供了丰富的选择。以下是一些 Stable Diffusion 常用的插件及其主要功能。

1. 提示词助手类插件

prompt-all-in-one：这款插件为英文不好的用户提供了极大的便利，能够快速弥补英文短板。它支持中文输入自动转英文、自动保存使用的描述词、提供描述词历史记录、快速修改权重、收藏常用描述词等功能。此外还提供了多种翻译接口选择和一键粘贴、删除描述词等实用功能。

SixGod：该插件帮助用户快速生成逼真、有创意的图像。它包含清空正向提示词和负向提示词的功能，提供了人物、服饰、发型等各个维度的提示词起手式，还支持一键清除正向提示词与负向提示词、随机灵感关键词、提示词分类组合随机等功能。

2. 图像编辑类插件

After Detailer：这是一款强大的图像编辑工具，专注于修复和编辑图像中的人脸及手部细节。它能够自动识别和修复图像中的瑕疵，无论是 2D 还是 3D 人脸及手部，都可以通过调整参数来改变识别的对象和识别区域的大小及位置等。

Inpaint Anything：这款插件用于删除和替换图像中的任何内容。它使用人工智能来自动识别和修复图像中的缺陷，无须使用遮罩。用户可以删除图像中不需要的对象或瑕疵、修复图像中的损坏、替换图像中的对象或背景，以及创建创意图像效果。

3. 图像生成类插件

ControlNet：这是一款用于增强 Stable Diffusion 图像生成控制能力的插件。它通过引入额外的输入条件（如参考图像、姿态检测、线稿、深度图等）来精确地控制图像生成的细节，如控制人物的姿势和表情。ControlNet 提供了多种模型供用户选择，每种模型都有其特定的应用场景和参数设置。

Depth-Guided Image Generation：这款插件可以根据输入的深度信息生成更加真实的 3D 图像。它为用户提供了更多的创作自由度和图像生成的可能性。

4. 模型管理类插件

Civitai Helper：这款插件主要用于管理从 Civitai 网站下载的大模型、LoRA 等内容。它可以帮助用户自动加载模型的封面图和触发词等信息，并添加模型的访问地址。此外，用户还可以通过该插件方便地浏览和管理已下载的模型资源。

5. 其他高级插件

ultimate SD upscale：这款插件是一个强大的图像超分辨率工具，可以将低分辨率图像提升到高分辨率，同时减少噪声和模糊。它使用的超分辨率模型基于深度学习技术，具有较高的准确性。

Segment Anything：这是一款由 Meta AI 开发的图像分割工具，能够识别并分割图像中的不同对象。它使用深度学习技术实现了零样本泛化和交互式分割等功能，为用户提供了更多的图像处理选项。

以上仅是 Stable Diffusion 众多插件中的一部分，每个插件都有其独特的功能和用途。用户可以根据自己的需求选择合适的插件来增强 Stable Diffusion 的功能和用户体验。

4.2　ControlNet 插件

ControlNet 是 Stable Diffusion 的一个扩展插件，用于增强图像生成的可控性和精确度。ControlNet 的主要功能是通过引入额外的控制条件（如边缘检测、草图处理、人体姿势等）来精确地控制 AI 生成的图像。用户可以根据需要选择不同的控制类型和模型，通过调整控制权重和介入时机等参数来实现对图像生成过程的精细控制。

ControlNet 插件在 Stable Diffusion 中的应用非常广泛，可以用于多种场景和创作需求。例如，在人物图像生成中，用户可以通过 ControlNet 插件控制人物的姿势、表情和服装等细节；在建筑设计场景中，可以生成具有特定结构和深度的建筑图像；在艺术创作中，可以根据线稿或草图生成精细的绘画作品等。

此外，ControlNet 插件还支持多单元组合应用，可以与其他 Stable Diffusion 插件和模型结合使用，进一步增强图像生成的效果和可控性。接下来介绍其安装步骤及常用模型。

4.2.1　ControlNet 插件的安装以及模型的下载

下面介绍 ControlNet 插件的安装及模型的下载的方法。

（1）进入 GitHub 社区，搜索 sd-webui-controlnet 并转到该页面，如图 4-1 所示。

（2）单击 Code 按钮复制链接 https://github.com/Mikubill/sd-webui-controlnet.git（若网络不佳或遇到其他问题，可直接下载页面下方提供的安装包，并存入 extensions 文件夹中），如图 4-2 所示。

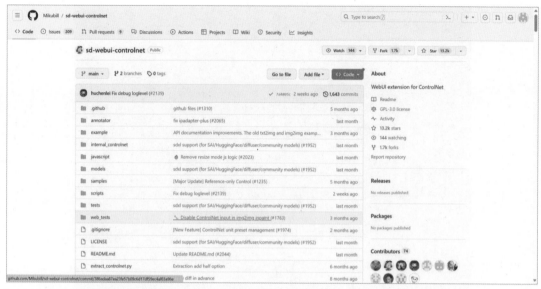

图 4-1

（3）打开 Web UI，切换到"扩展"选项卡，选择"从网址安装"，将 https://github.com/Mikubill/sd-webui-controlnet.git 复制并粘贴到第一行的"扩展的 git 仓库网址"中。单击"安装"按钮，等待十几秒后，若在下方看到"Installed into C:\stable-diffusion-webui\extensions\sd-webui-controlnet-Use Installed tab to restart"，则表示安装成功，如图 4-3 所示。

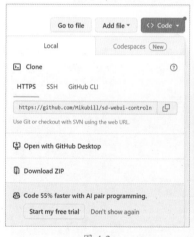

图 4-2

图 4-3

（4）选择左侧的"已安装"，单击"检查更新"按钮，等待进度条完成。然后单击"应用并重新启动 UI"按钮。完全关闭 Web UI 程序并重新启动（或重启计算机），之后即可在 Web UI 主界面下方看到 ControlNet 的选项，如图 4-4 所示。

（5）若安装后 ControlNet 界面中仅显示一个选项卡，可单击"设置"，找到 ControlNet 选项，在 Multi ControlNet 中设置所需的值，然后单击"保存设置"并重启 Web UI，如图 4-5 所示。

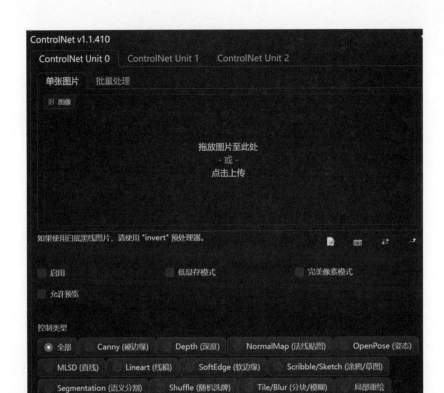

ControlNet v1.1.410

ControlNet Unit 0　　ControlNet Unit 1　　ControlNet Unit 2

单张图片　批量处理

图像

拖放图片至此处
- 或 -
点击上传

如果使用白底黑线图片，请使用 "invert" 预处理器。

启用　　　　　低显存模式　　　　　完美像素模式

允许预览

控制类型

全部　　Canny (硬边缘)　　Depth (深度)　　NormalMap (法线贴图)　　OpenPose (姿态)

MLSD (直线)　　Lineart (线稿)　　SoftEdge (软边缘)　　Scribble/Sketch (涂鸦/草图)

Segmentation (语义分割)　　Shuffle (随机洗牌)　　Tile/Blur (分块/模糊)　　局部重绘

InstructP2P　　Reference (参考)　　Recolor (重上色)　　Revision　　T2I-Adapter

IP-Adapter

图 4-4

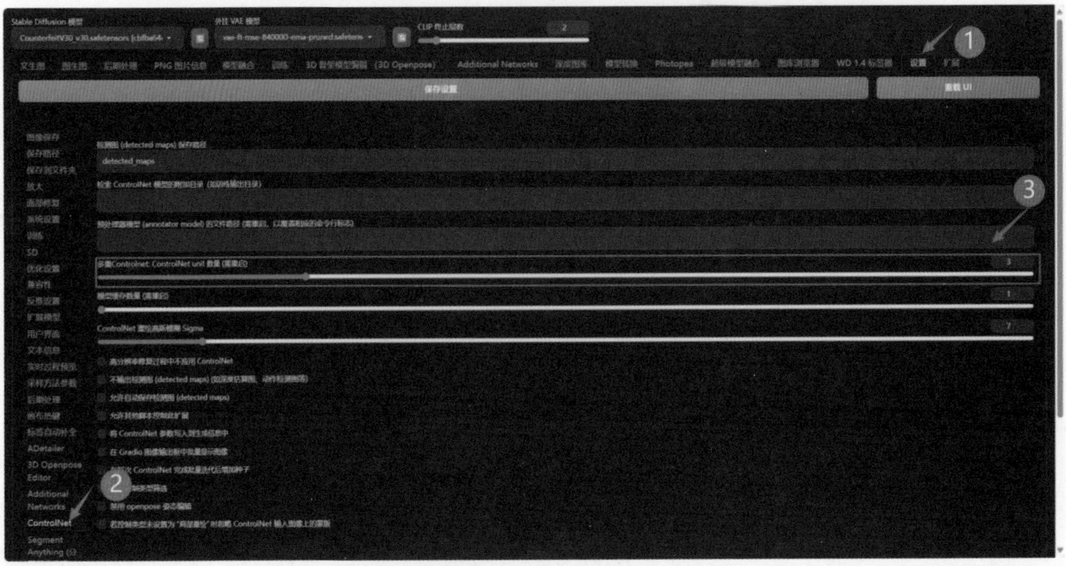

图 4-5

（6）至此，ControlNet 插件已成功安装，接下来需要安装一些 ControlNet 模型。对于新的 ControlNet-v1-1 模型，创作者需要前往 Hugging Face 下载，网址为 https://huggingface.com/Illyasviel/ControlNet-v1-1/tree/main，如图 4-6 所示。

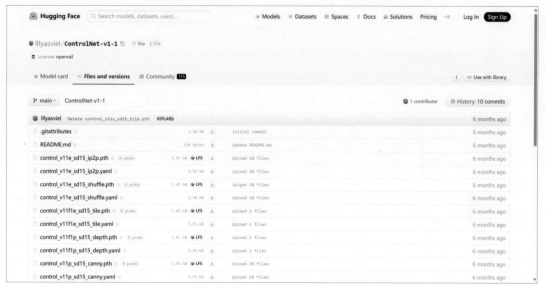

图 4-6

（7）在 Hugging Face 页面中只需要下载所需的处理器及对应的模型文件，下载通过单击"文件大小"右侧的向下箭头来完成，如图 4-7 所示。

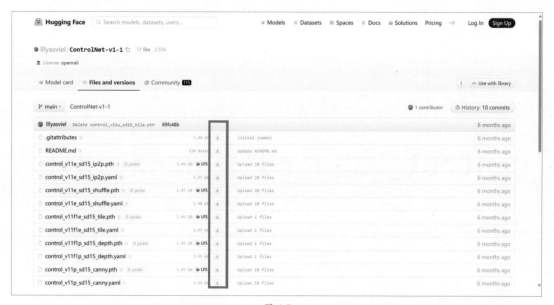

图 4-7

（8）下载完成后，将模型文件放入 ControlNet 的 models 文件夹中，存放位置如图 4-8 所示。之后，用户就可以使用 ControlNet 插件并调用对应的模型。

名称	修改日期	类型
.git	2023/10/4 20:44	文件夹
.github	2023/5/25 20:10	文件夹
__pycache__	2023/6/4 17:26	文件夹
annotator	2023/10/4 17:53	文件夹
example	2023/7/24 15:38	文件夹
internal_controlnet	2023/10/4 17:53	文件夹
javascript	2023/10/4 17:53	文件夹
models	2023/10/6 22:05	文件夹
presets	2023/10/4 20:19	文件夹
samples	2023/5/25 20:22	文件夹
scripts	2023/10/4 17:53	文件夹
tests	2023/5/25 20:22	文件夹
web_tests	2023/7/17 17:44	文件夹

图 4-8

4.2.2 ControlNet 常用模型介绍

以下是 ControlNet v1-1 关于模型的命名规则，有助于大家识别模型的不同版本和状态，如图 4-9 所示。

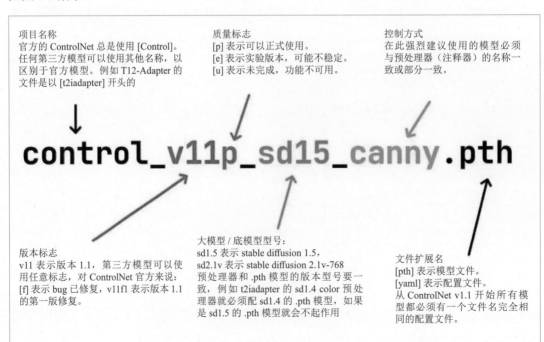

图 4-9

1. Canny 模型

Canny 模型能够提取图像的边缘，生成较为粗略的线稿，这种线稿可用于快速迁移图像的轮廓，进而实现风格的转换，如图 4-10 所示。

图 4-10

2. Depth 模型

Depth 模型用于提取图像的深度信息，主要作用是控制图像的空间关系，如图 4-11 所示。

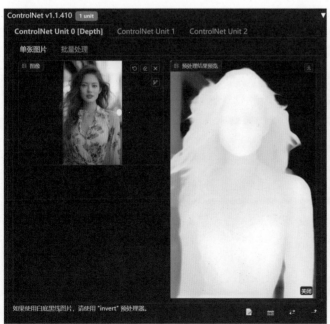

图 4-11

3. OpenPose 模型

OpenPose 模型能够生成人物的骨架图，用于控制人物的动作姿势。新版模型还能识别人物的面部表情以及手指细节，如图 4-12 所示。

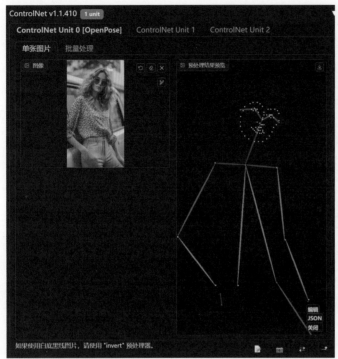

图 4-12

4. MLSD 模型

MLSD 模型与 Canny 模型在用法上相似，但由于其对直线有更好的识别效果，所以常被用于处理建筑类图像，如图 4-13 所示。

图 4-13

5. Lineart 模型

Lineart 模型与 Canny 模型在用法上相似，但相比之下，Lineart 模型能识别更多的线条细节。此外，它还提供了多种处理器选项，如写实、动漫等，以满足不同需求，如图 4-14 所示。

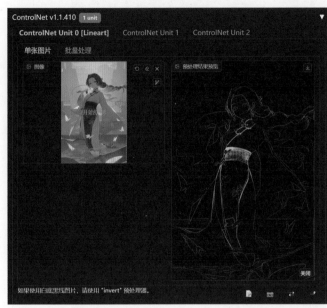

图 4-14

6. SoftEdge 模型

SoftEdge 模型与 Canny 模型的使用方法相似，也会生成较为粗略的轮廓图，如图 4-15 所示。

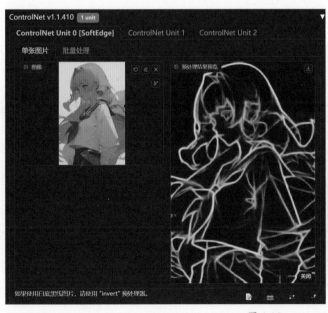

图 4-15

7. Shuffle 模型

Shuffle 模型作为一种风格化模型，通过对输入的图像进行像素或特征块的随机打乱，能够与其他模型协同工作，实现风格迁移的效果。经过 Shuffle 处理后的图像效果如图 4-16 所示。

图 4-16

被迁移的图像效果如图 4-17 所示，最终效果如图 4-18 所示。

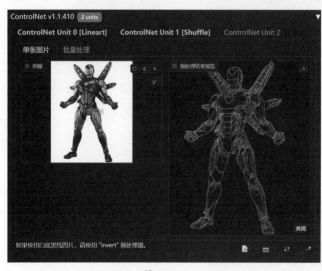

图 4-17

图 4-18

8. Tile 模型

Tile 模型的用途广泛，可用于对模糊照片进行降噪处理，为图像增加细节，或提升图像的分辨率，如图 4-19 所示。

图 4-19

9. Inpaint 模型

Inpaint 模型允许用户直接在生成的图像中通过画笔工具修改或替换特定部分，如图 4-20 所示。

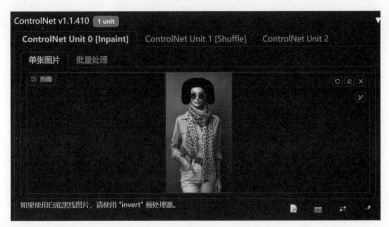

图 4-20

图 4-20（续）

10. Reference 模型

Reference 模型能够迅速迁移角色的特征或整体风格，如图 4-21 所示。

图 4-21

4.3 换脸插件 Roop

Roop 是一款功能强大的免费换脸软件，现已被开发为插件，可直接通过 Stable Diffusion 使用，接下来介绍其安装及使用方法。

（1）在准备安装训练脚本之前，请确保安装了必要的依赖项，包括 Python 3.10、Git 以及 Visual Studio 2015、2017、2019 或 2022 的可再发行组件。若用户之前已部署 Stable Diffusion 的离线版本，可参考当时的详细操作进行安装。

（2）在部署好必要的依赖项后，按 Win+R 键打开"运行"对话框，输入 cmd 以打开命令行界面，然后运行指令 pip install insightface==0.7.3，如图 4-22 所示。

图 4-22

（3）等待复制完成后进入 GitHub 社区，搜索 sd-webui-roop 以访问相应页面，如图 4-23 所示。

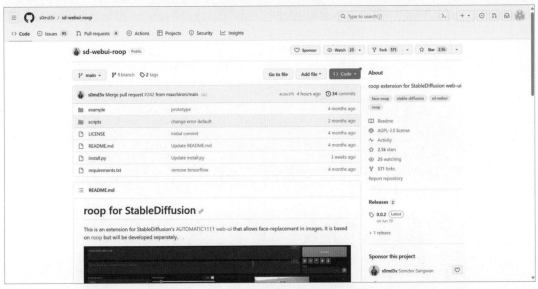

图 4-23

（4）单击 Code 按钮复制链接 https://github.com/s0md3v/sd-webui-roop.git（若网络不佳或遇到其他问题，可直接下载页面下方提供的安装包，并将其放入 extensions 文件夹），如图 4-24 所示。

（5）打开 Web UI，在"扩展"选项卡中选择"从网址安装"，将之前复制的 GitHub 仓库链接粘贴到第一行的"扩展的 git 仓库网址"中。单击"安装"按钮，等待片刻后，若在下方出现"Installed into stable-diffusion-webui\extensions\sd-webui-roop-git-Use Installed tab to restart"的提示，表示安装成功。此时，请根据提示使用"已安装"标签页来重启应用，以应用新安装的扩展。安装界面如图 4-25 所示。

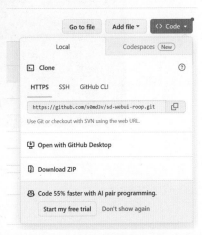

图 4-24

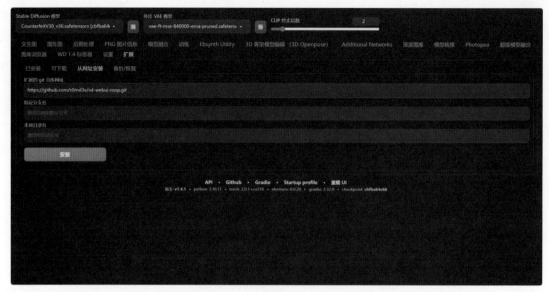

图 4-25

（6）重启 Web UI 后，可以在插件栏中看到已安装好的 Roop 插件，如图 4-26 所示。

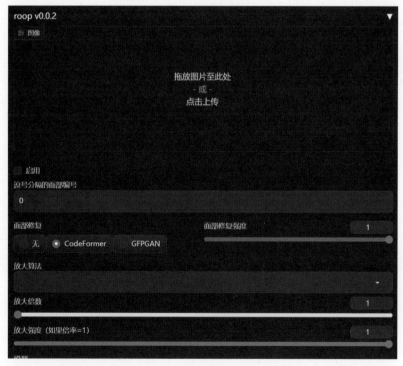

图 4-26

（7）使用时，只需要将待换脸的人脸图像放入指定位置，并勾选"启用"复选框即可，如图 4-27 所示。

（8）原图如图 4-28 所示，换脸之后的效果如图 4-29 所示。

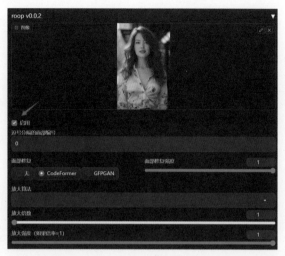

图 4-27

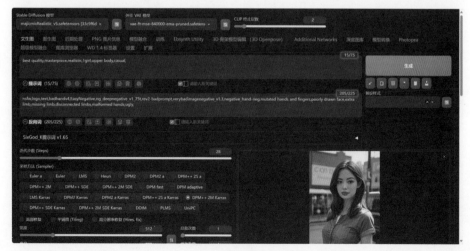

图 4-28

图 4-29

4.4 脸部修复插件 ADetailer

在使用 Stable Diffusion 生成全身图像时，常会出现脸部细节崩坏的问题。使用 ADetailer 插件能识别并重新绘制人物脸部，达到修复效果。此外，若创作者拥有多个不同人物脸部的 LoRA 模型，使用 ADetailer 还能实现换脸功能。接下来详细介绍如何在 Stable Diffusion 中使用 ADetailer 插件。

（1）进入 GitHub 社区，搜索 ADetailer 以访问其相应页面，如图 4-30 所示。

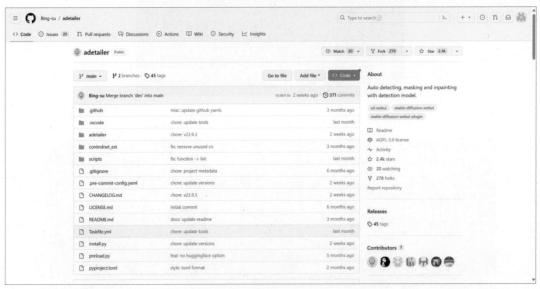

图 4-30

（2）单击 Code 按钮复制链接 https://github.com/Bing-su/adetailer.git（若网络不佳或遇到其他问题，可直接下载页面下方提供的安装包，并将其放入 extensions 文件夹），如图 4-31 所示。

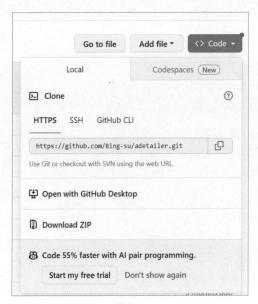

图 4-31

（3）打开 Web UI，在"扩展"选项卡中选择"从网址安装"，将之前复制的 GitHub 仓库链接粘贴到第一行的"扩展的 git 仓库网址"中。单击"安装"按钮，等待片刻后，若在下方出现"Installed into stable-diffusion-webui\extensions\adetailer-Use Installed tab to restart"的提示，表示安装成功。此时，请根据提示使用"已安装"标签页来重启应用，以应用新安装的扩展。安装界面如图 4-32 所示。

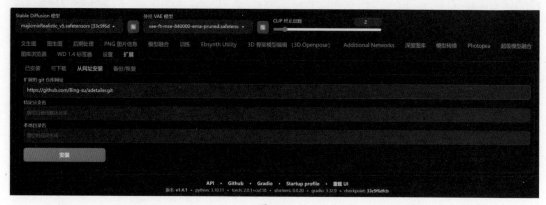

图 4-32

（4）重启 Web UI 后，可以在插件栏中看到已安装好的 ADetailer 插件，如图 4-33 所示。

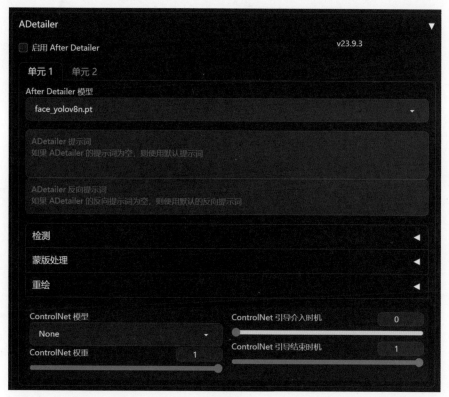

图 4-33

（5）在不启用 ADetailer 插件的情况下生成一张人物全身图，此时可以观察到人物的脸部存在一定程度的细节破坏，如图 4-34 所示。

图 4-34

（6）勾选"启用 After Detailer"复选框后，人物脸部细节崩坏的问题立即得到了显著改善，如图 4-35 所示。

图 4-35

　　（7）若创作者拥有其他脸型的 LoRA 模型，可以将其加入 ADetailer 的正向提示词中，从而实现换脸操作，如图 4-36 所示。

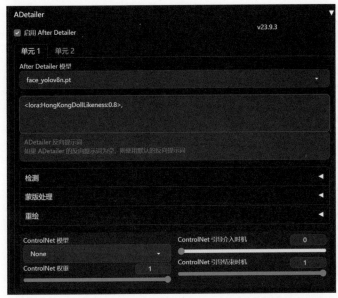

图 4-36

4.5 手部修复

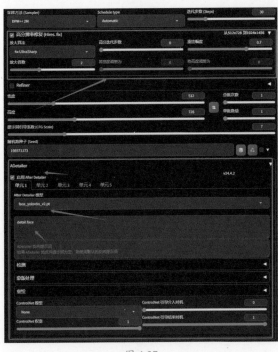

图 4-37

在使用 Stable Diffusion 生成全身图像时，常会出现手部细节崩坏的问题。下面详细介绍如何在 Stable Diffusion 中使用 ADetailer 插件进行手部细节的修复。

（1）打开 Web UI，使用 Stable Diffusion 中的 ADetailer 插件来进行面部修复，如图 4-37 所示。

（2）将高分辨率修复和 ADetailer 插件开启，在单元 1 中选择面部修复，并且在单元 2 的模型列表中选择手部修复模型。在正向提示词框中输入 detail hand，如图 4-38 所示。

（3）选择大模型，输入正向提示词 1girl，park，（holding-book：1.1），中文含义为"一个女孩，公园，（拿着书：1.1）"；输入反向提示词 disfigured，ugly，bad hands，too many fingers，poorly drawn hands，（mutated hands:1.2），（malformed hands:1.1），中文含义为"毁容，丑陋，不好的手，太多的手指，画得不好的手，（变异手 :1.2），（畸形手 :1.1）"，如图 4-39 所示。

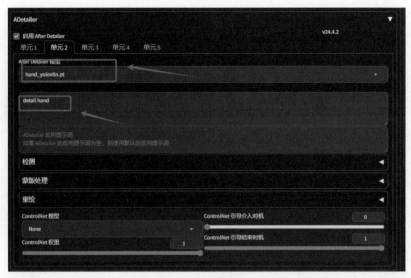

图 4-38

图 4-39

（4）采样方法选择 DPM++ 2M，迭代步数设置为 30，并且固定一下种子值，如图 4-40 所示。

图 4-40

（5）单击"生成"按钮，生成图像。在图 4-41 中，左图为不开启 ADetailer 插件的效果，手部出现崩坏的问题；右图为开启 ADetailer 插件的效果。

图 4-41

4.6 高分辨率精化

通过高分辨率精化可以将小图进行放大处理，下面使用 Stable Diffusion 自带的 Ultimate SD upscale 脚本进行高分辨率精化操作。

（1）打开 Web UI，进入"图生图"页面，如图 4-42 所示。

图 4-42

（2）在"脚本"区域选择 Ultimate SD upscale 选项，如图 4-43 所示。

图 4-43

（3）在下面的 Target size type 区域选择 Scale from image size（按图像大小缩放）选项，在后面的尺寸中调整放大倍数。在"放大算法"区域选择算法，不同的放大算法会对图像的质量产生影响。在下面的选项中可以调整分块的宽度、高度以及蒙版边缘的模糊程度。这个插件的原理是将需要放大的图像进行分块处理，对每块图像进行二次放大和修复，再将所有分块拼接成最终的图像。这里由于显卡的计算能力不足以直接将 4KB 图像放大到 8KB，所以使用这种方式来放大图像，如图 4-44 所示。

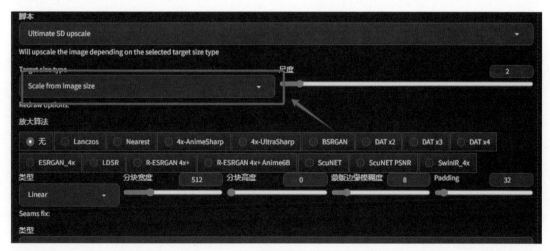

图 4-44

（4）上传一张图像，按照上面的方式设置后进行高分辨率放大，如图 4-45 所示。

（5）可以看到图像由原来的 2MB 放大到了 6MB，图像的整体质量得到了很大的提升，如图 4-46 所示。

图 4-45　　　　　　　　　　　　　　　图 4-46

4.7　AI 动画制作

AI 对图像的强大理解能力赋予了 AI 实现动画的潜力。目前，AI 已经能通过风格转换技术实现较为稳定的镜头运动和画面衔接。通过使用 Ebsynth 插件，AI 转换的视频质量得到了显著提升，尤其是极大地优化了视频中的闪烁问题。接下来详细介绍如何安装相关插件以及使用它们来制作 AI 动画。

4.7.1　前期安装准备

前期安装准备的具体操作步骤如下。

（1）登录 FFmpeg 官网下载软件包，FFmpeg 官网的地址为 https://ffmpeg.org/。在进入该网站后单击 Download 按钮，然后选择适合自己的计算机系统的版本进行下载，建议优先下载 Full 版本，如图 4-47 所示。

（2）解压 FFmpeg 到任意路径，并复制软件包中 bin 文件夹的路径，如图 4-48 所示。

（3）打开系统的高级系统设置（可以通过 Windows 自带的搜索功能搜索"高级系统设置"，或者通过 Win+R 键调出"运行"对话框后输入 sysdm.cpl 来快速访问），单击"高级"标签页下的"环境变量"按钮，如图 4-49 所示。

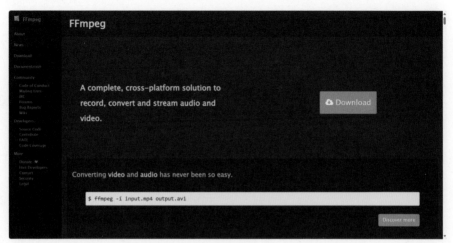

图 4-47

图 4-48

图 4-49

（4）在"系统变量"中选择 Path 项，单击"编辑"按钮，如图 4-50 所示。

（5）在弹出的对话框中粘贴刚才复制的 FFmpeg bin 文件夹路径，然后依次单击"确定"按钮进行保存，如图 4-51 所示。

图 4-50   图 4-51

（6）再次通过 Win+R 键调出"运行"对话框，输入 cmd 打开命令行界面。在命令行中输入 ffmpeg -version，如果系统返回了 FFmpeg 的版本号，则表示 FFmpeg 已成功安装，如图 4-52 所示。

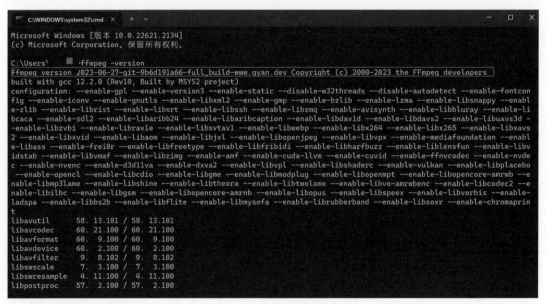

图 4-52

（7）下载 Ebsynth 软件，请访问 Ebsynth 官网（https://ebsynth.com/，进入网站后，单击 Download 按钮，并填写一个邮箱地址，然后即可开始下载），如图 4-53 所示。

图 4-53

（8）下载完成后，将 Ebsynth 解压到任意路径，即完成安装，如图 4-54 所示。

〉 此电脑 〉 Windows (C:) 〉 aimove 〉 aimove 〉 1			∨ C	在 1 中搜索
名称 ︿	修改日期	类型		
▣ EbSynth（软件）	2023/10/5 0:58	文件夹		
▣ ffmpeg	2023/6/29 19:32	文件夹		

图 4-54

（9）下载并安装 Web UL 的 Ebsynth 扩展。在扩展列表中搜索 Ebsynth，并单击"安装"按钮，如图 4-55 所示。

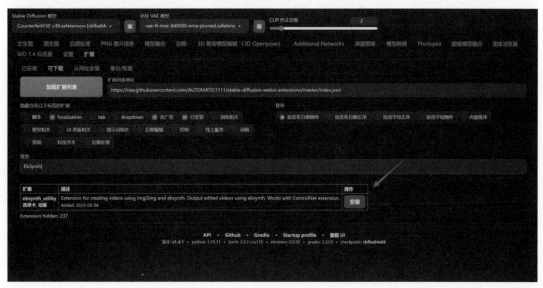

图 4-55

（10）安装 Transparent Background，首先按 Win+R 键调出"运行"对话框，输入 cmd 打开命令行界面，然后在命令行中输入安装代码 pip install transparent-background 并按 Enter 键执行，如图 4-56 所示。

图 4-56

（11）等待下载完成后，如果弹出 Successfully installed 提示，则表示安装成功，如图 4-57 所示。

图 4-57

4.7.2　正式制作流程

正式制作流程如下。

（1）打开 Web UI，并导航至 Ebsynth 扩展部分，如图 4-58 所示。

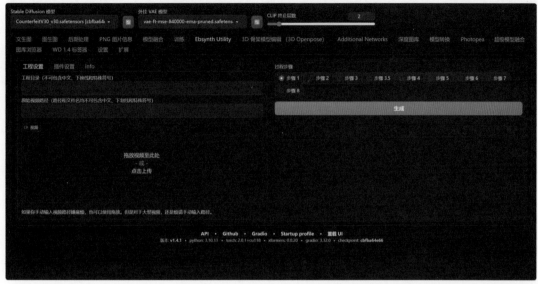

图 4-58

（2）可以直接将视频文件拖拽到指定区域，或者复制包含视频文件名的本地路径后粘贴到相应位置，如图 4-59 所示。

（3）新建一个文件夹用于后续项目，并复制该文件夹的路径。将复制的路径粘贴到工程目录的指定位置，注意路径中不能包含任何中文、下画线或特殊符号，以确保兼容性，如图 4-60 所示。

（4）切换至"插件设置"选项卡，如果需要更改视频的最终尺寸，可以在此手动输入帧宽度和帧高度的数值；如果不打算更改，保持默认设置即可，如图 4-61 所示。

图 4-59

图 4-60

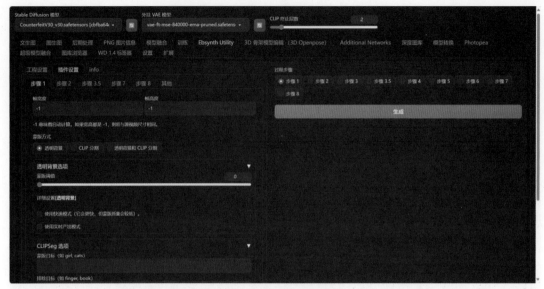

图 4-61

　　（5）进行"步骤 1"选项卡中的内容，即分解帧和制作蒙版。Ebsynth 具有一个有效防止视频闪烁的功能，其核心在于将画面中的人物、主体等关键元素单独提取出来进行绘制。因为大部分闪烁和混乱通常发生在与人物主体不直接相关的背景部分，只要确保背景不闪烁，整个重绘后的视频效果就会显著提升。实现这一分离绘制的方法是通过智能识别技术来识别人物，并生成一个"蒙版"，然后让 AI 基于这个蒙版进行重绘，从而达到减少闪烁的目的。在操作过程中，只需将蒙版阈值调整为 0.05 ～ 0.1，然后单击右侧的"生成"按钮即可，如图 4-62所示。

图 4-62

　　（6）当处理完成后，可以在之前新建的文件夹中找到两个文件，单击它们将分别显示处理后的单帧图像和对应的蒙版，如图 4-63 所示。如果发现蒙版中除了主体以外还包含过多其他不必要的物体，则可以回到上一步，降低蒙版阈值并重新生成蒙版，以获得更精确的结果。

图 4-63

图 4-63（续）

（7）在完成"步骤 1"选项卡中的内容后，切换到"步骤 2"选项卡以生成关键帧。"步骤 2"选项卡中的三个参数共同决定了每隔多少帧挑选出一帧来进行绘制。如果视频中的动作幅度较大，或者运动镜头较多，可以考虑减小这些数值，以便挑选出更多的帧进行生成；如果视频存在严重的闪烁或混乱问题，可以考虑增大这些数值，以保持稳定性，如图 4-64所示。

（8）单击"生成"按钮，在 video_key 的文件夹中即可看到挑选出的关键帧及其编号。在后续步骤中将首先绘制这些关键帧，然后 AI 会在这些帧之间智能地生成过渡效果，因此这些关键帧之间最好不要包含画面的剧烈切换或大幅度变动。如果对挑选出的关键帧不满意，可以删除对应的编号，并在 Frame 文件夹中挑选喜欢的帧进行替换，如图 4-65 所示。

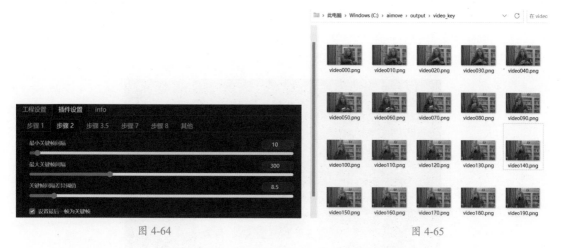

图 4-64   图 4-65

（9）切换到"图生图"页面，选择一帧图像，在设置好相关参数后生成一张满意的图像，并保存该图像的种子。在此过程中可以选择加入 LoRA 模型或开启 ControlNet 功能，以增强效果。然后在"图生图"页面的最下方找到"脚本"组合框，选择 ebsynth utility 选项，并在此处填入之前建立的项目地址，如图 4-66 所示。

（10）在下方的"蒙版选项"区域中选择"蒙版模式"为 Normal，其他参数可以保持默认设置，如图 4-67 所示。

脚本

ebsynth utility

工程目录（不可包含中文、下画线和特殊符号）

C:\aimove\output

生成测试!!（忽略工程目录，使用用户界面中指定的图像和蒙版）

图 4-66

蒙版选项   ▼

蒙版模式（覆盖图生图的蒙版模式）

Normal

重绘区域（覆盖图生图的重绘区域）

Only masked

图 4-67

（11）宽度和高度应保持与原始图像相同，重绘幅度一般设置在 0.35 左右，如果加入了 ControlNet 功能，可以将该值调至 0.5 以上。然后单击"生成"按钮，AI 将自动进行批处理。在完成后，可以在 img2img 文件夹中查看处理结果，如图 4-68 所示。

图 4-68

（12）如果发现颜色在扩展过程中出现了问题，可以进入"步骤 3.5"选项卡进行颜色校正。在这里只需放入一张颜色正常的图像，然后单击"生成"按钮即可，如图 4-69 所示。

图 4-69

（13）进入"后期处理"页面，在"输入目录"和"输出目录"区域填入路径，如图 4-70
所示。

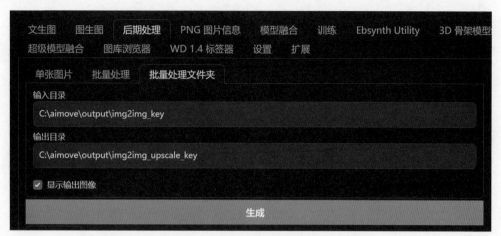

图 4-70

（14）切换至"缩放到"选项卡，将尺寸更改为视频的原始尺寸，同时选择并填写
Upscaler 1 的采样器（对于动漫内容，通常建议选择 R-ESRGAN 4x + Anime6B 作为采样器）。
在完成设置后，单击"生成"按钮，如图 4-71 所示。

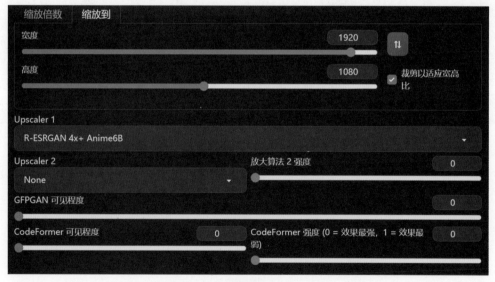

图 4-71

（15）进入 Ebsynth Utility 页面，打开"过程步骤"区域中的"步骤 5"选项卡。在单击
"生成"按钮后，系统将在项目文件夹中生成对应的 ebs 文件，如图 4-72 所示。

（16）选择刚才生成的 ebs 文件并通过 Ebsynth 软件打开。在软件界面中单击"生成"按
钮，软件将自动进行智能过渡的生成。当界面右侧的进度条全部变为绿色时，表示运算已完
成。之后，可以回到 Ebsynth Utility 页面，根据需要选择输出视频的格式（通常视频格式为
MP4），如图 4-73 所示。

图 4-72

图 4-73

　　选择好格式之后，单击"生成"按钮，把刚才所有的关键帧重新组合成视频帧。至此，AI
视频的生成全部结束，用户可以在项目文件夹中找到一个有声源和一个无声源的版本。

第 5 章

Stable Diffusion 关键词及图像风格化

本章聚焦于关键词来源与关键词控制两大核心点，详细介绍多个与 Stable Diffusion 相关的关键词资源，包括多个网站及关键词插件。此外，本章还将介绍多种图像的风格化案例。

5.1 Stable Diffusion 标签超市

在 Stable Diffusion 中，提示词同样扮演着至关重要的角色。当创作者面临创意枯竭或灵感不足时，使用相关的插件或提示词网站可以有效丰富输出图像的内容，使其更加多彩和富有创意。

Stable Diffusion 标签超市的网址为 https://tags.novelai.dev/，以下是其具体的使用介绍。

（1）进入网站后，左侧有 4 个可供选择的选项，如图 5-1 所示。

图 5-1

（2）选择"标签"选项，界面总体上被划分为人文景观、人物、作品角色、构图、物品、自然景观、艺术破格等几个大类。其中，部分标签还进行了更为具体的细分，如图 5-2 所示。

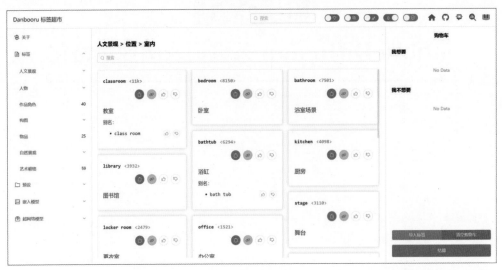

图 5-2

（3）单击深蓝色按键可以复制关键词，而单击浅蓝色按键可以查看标签的详细信息或示例，如图 5-3 所示。

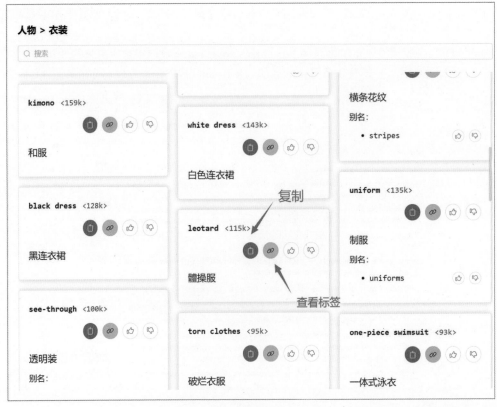

图 5-3

（4）选择"预设"选项，可以看到一些通用引导词的正向和反向提示词预设。单击深蓝色按键，可以直接复制所需的预设内容，如图 5-4 所示。

图 5-4

（5）选择"嵌入模型"选项，进入相应界面。首先需要下载所需的模型文件，然后将下载好的模型文件放入指定的 embeddings 文件夹。在使用时，需要将模型与关键词配合使用，以实现更精准的图像生成效果，如图 5-5 所示。

图 5-5

（6）选择"超网络模型"选项，可以发现该功能的用法与嵌入模型相似。首先需要下载所需的超网络模型，并将其放入指定的 hypernetworks 文件夹。然而，目前这种类型的模型几乎不被推荐使用，它们可能已经被更先进或更适用的模型所取代，如图 5-6 所示。

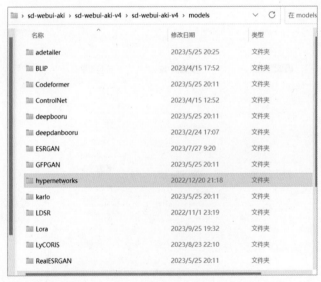

图 5-6

5.2　Stable Diffusion 关键词插件

使用关键词插件的具体操作步骤如下。

（1）进入 GitHub 社区，搜索 sd-webui-oldsix-prompt，找到对应的项目页面，如图 5-7 所示。

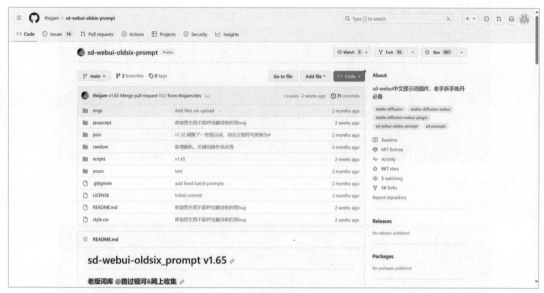

图 5-7

（2）单击 Code 按钮复制项目的 HTTPS 链接，即 https://github.com/thisjam/sd-webui-oldsix-prompt.git，如图 5-8 所示。

图 5-8

（3）打开 Web UI，在"扩展"选项卡中选择"从网址安装"，将之前复制的网址粘贴到第一行的"扩展的 git 仓库网址"字段中。单击"安装"按钮，等待十几秒后，若在下方看到提示信息"Installed into stable-diffusion-webui\extensions\sd-webui-controlnet-Use Installed tab to restart"，则表示插件已成功安装。安装界面如图 5-9 所示。

图 5-9

（4）重启 Web UI 后，可以看到刚安装好的插件已经出现在界面中，如图 5-10 所示。

图 5-10

（5）该插件提供了丰富的关键词预设，创作者只需用鼠标单击，预设的关键词就会出现在上方的正向提示词区域；而使用鼠标右击，则会将其添加到反向提示词区域，如图 5-11 所示。

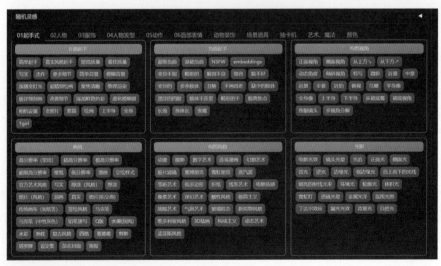

图 5-11

（6）当不确定自己想要生成什么样的图像时，可以尝试使用"随机灵感"功能。单击"随机灵感关键词"按钮，系统会随机生成一些关键词。当看到比较满意的关键词时，可以将其选中并发送到提示词框中，以便用于图像的生成，如图 5-12 所示。

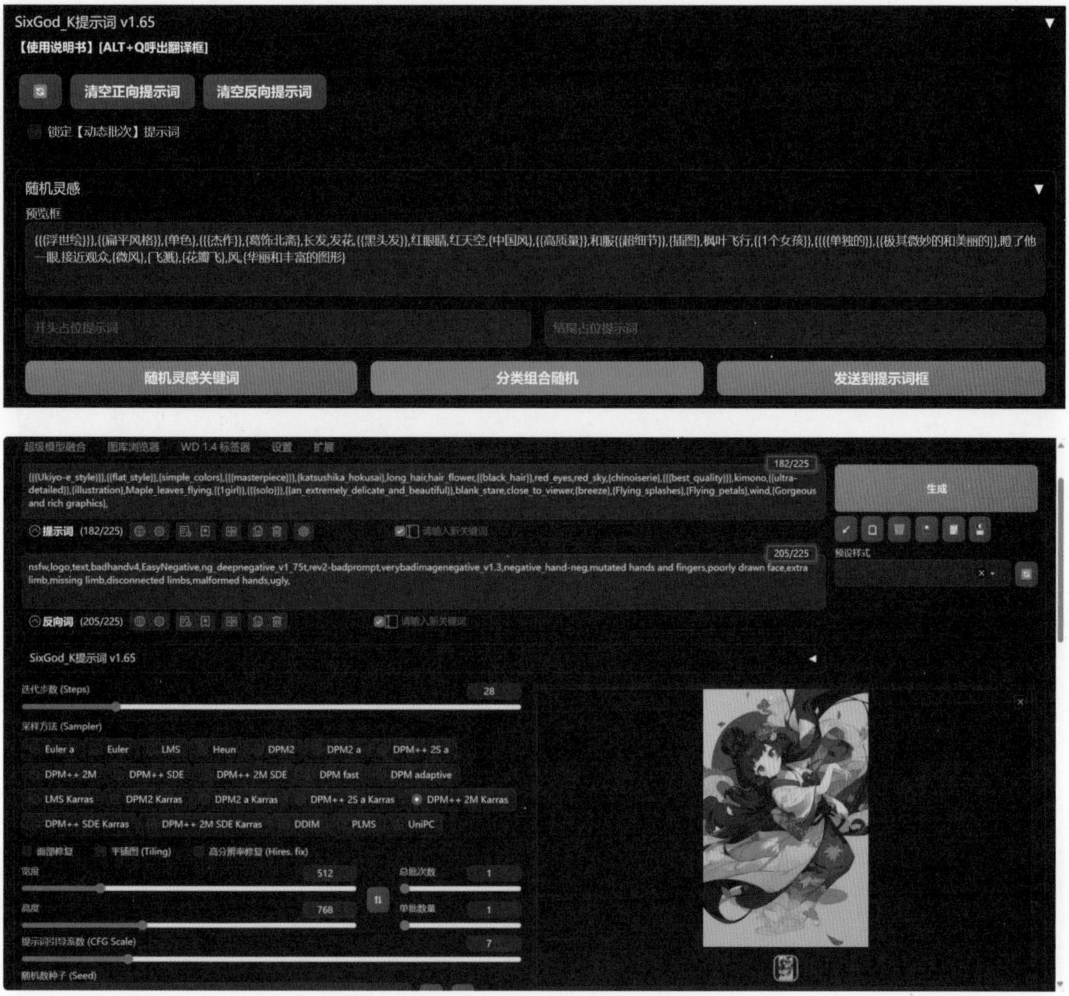

图 5-12

5.3　Comfy UI 绘图业务管线工具

Comfy UI 是一个与 Web UI 不同但都属于 Stable Diffusion 绘图的工具，它更加接近于 Stable Diffusion 的底层逻辑，并允许用户构建自己的工作流，以节省时间并更好地发挥 Stable Diffusion 的性能。

Comfy UI 是一个基于节点流程式的 Stable Diffusion 绘图工具。它将 Stable Diffusion 的流程拆分成节点，实现了工作流的定制和可复现性。用户可以通过调整模块链接来达到不同的出图效果，从而提供更加精准的工作流定制。

5.3.1　Comfy UI 的特点

1. 高效性

与 Web UI 相比，Comfy UI 在生成图像的速度上提升了 10% ～ 25%。在生成大图像时，Comfy UI 不会爆显存，从而提高了稳定性和可靠性。

2. 高度定制性

Comfy UI 允许用户通过节点化的工作流程来定制自己的工作流。用户可以根据需要添加、删除或修改节点，以实现特定的图像生成效果。

3. 可复现性

由于 Comfy UI 采用了节点化的工作流程，所以用户可以轻松地重现之前的图像生成结果。这对于需要频繁进行图像生成和修改的用户来说是非常有用的。

4. 丰富的功能

Comfy UI 不仅支持基本的图像生成，还支持动画编辑和视频输出等功能。这使得 Comfy UI 成为了一个集图形设计、动画编辑与视频输出于一体的强大工具。

5.3.2　Comfy UI 的使用场景

1. 专业设计师

对于需要高度定制化和高效性的专业设计师来说，Comfy UI 是一个理想的选择。可以通过构建自己的工作流来快速生成符合要求的图像作品。

2. 业余爱好者

对于对图像生成感兴趣的业余爱好者来说，Comfy UI 也提供了一个学习和探索的平台。可以通过调整节点和参数来尝试不同的图像生成效果，并逐渐掌握 Comfy UI 的使用技巧。

3. 科研工作者

对于需要进行图像分析和处理的科研工作者来说，Comfy UI 也具有一定的应用价值。可以使用 Comfy UI 的高效性和可复现性来快速生成和分析图像数据。

5.3.3　Comfy UI 与 Web UI 的比较

1. 工作流程

Web UI 采用了较为传统的图像生成流程，而 Comfy UI 采用了节点化的工作流程，这使得 Comfy UI 在定制性和可复现性方面更具优势。

2. 性能

在生成图像的速度和稳定性方面，Comfy UI 相对于 Web UI 有所提升，这使得 Comfy UI 在处理大图像和复杂场景时更加高效和可靠。

3. 功能

Web UI 主要支持基本的图像生成功能，而 Comfy UI 在此基础上增加了动画编辑和视频输出等功能，这使得 Comfy UI 在应用场景上更加广泛和灵活。

5.3.4　使用 Comfy UI

Comfy UI 是一个功能丰富且高度可定制的 Stable Diffusion 操作界面。它采用了节点化的工作流程，具有高效性、高度定制性和可复现性等优点。无论是专业设计师、业余爱好者还是科研工作者，都可以通过 Comfy UI 来快速生成符合要求的图像作品或进行图像分析和处理。

本例在 Comfy UI 中搭建最基础的文生图工作流。

（1）打开 Comfy UI，创建大模型节点。右击，在弹出的快捷菜单中选择 Add Node → loaders → Load Checkpoint 选项，添加大模型节点，如图 5-13 所示。

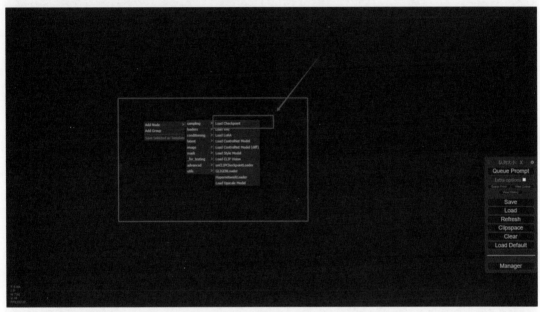

图 5-13

（2）添加好后可以在下面的列表中切换大模型，如图 5-14 所示。

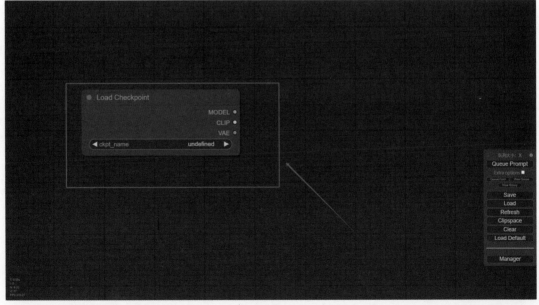

图 5-14

（3）添加提示词节点。右击，在弹出的快捷菜单中选择 Add Node → conditioning → CLIP Text Encode（Prompt）选项，添加两个提示词节点，分别作为正向提示词以及反向提示词，如图 5-15 所示。

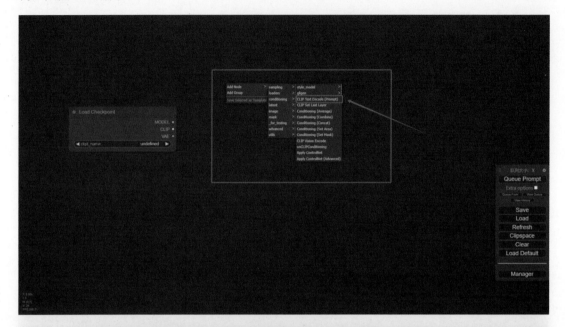

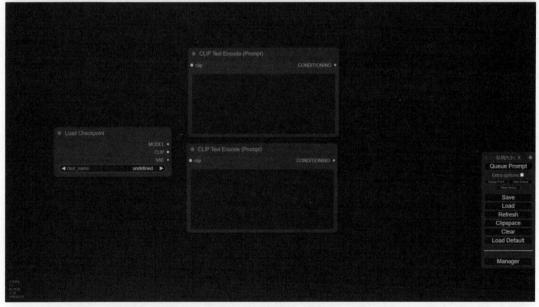

图 5-15

（4）添加取样器。右击，在弹出的快捷菜单中选择 Add Node → sampling → KSampler 选项，添加节点，如图 5-16 所示。

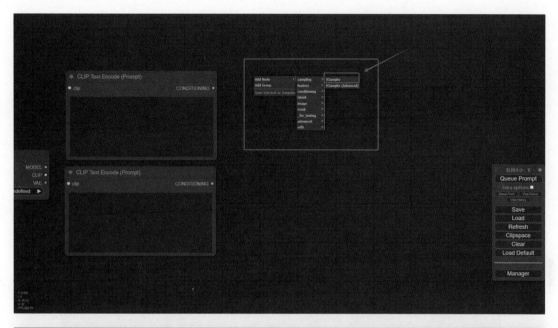

图 5-16

（5）添加控制图像节点。右击，在弹出的快捷菜单中选择 Add Node → Latent → Empty Latent Image 选项，添加节点，如图 5-17 所示。

（6）添加 VAE 解码节点。右击，在弹出的快捷菜单中选择 Add Node → Latent → VAE Decode 选项，添加节点，如图 5-18 所示。

（7）添加输出图像节点。右击，在弹出的快捷菜单中选择 Add Node → image → Save Image 选项，添加节点，如图 5-19 所示。

（8）链接各个节点，使其构成完整的工作流，如图 5-20 所示。

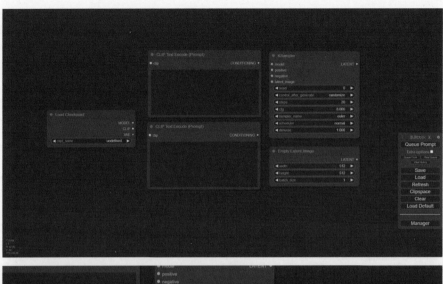

图 5-17

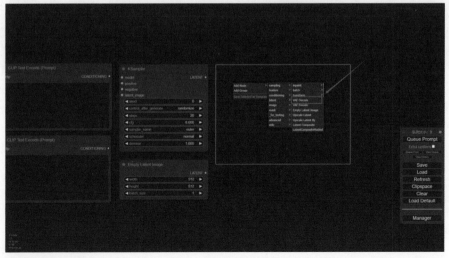

图 5-18

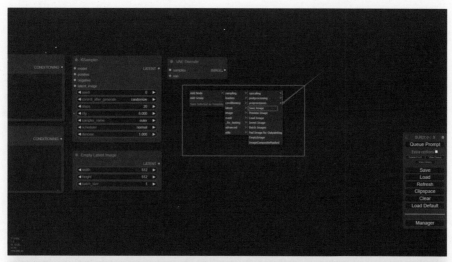

图 5-19

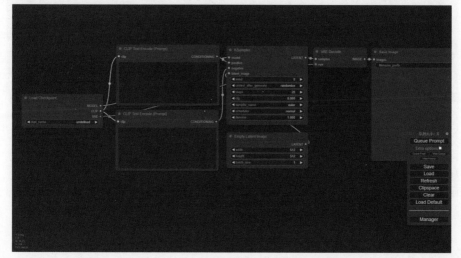

图 5-20

（9）输入正向提示词和反向提示词，选择好大模型并调整相关的参数，即可进行文生图。

5.4　Stable Diffusion 风格化关键词

使用 Stable Diffusion 能够创作出众多极具风格化的作品。本节介绍一些常用的酷炫效果、材质效果、绘画效果、建筑效果、景别效果及镜头效果的描述语案例，旨在帮助 AI 设计从业者扩宽生成图像的想象力，并为设计师的艺术创作提供辅助。

5.4.1　10 种酷炫效果图像

下面介绍生成 10 种酷炫效果图像的关键词。

1. 全息图效果

全息效果图（在描述词中运用 hologram，这里以汽车为例）如图 5-21 所示。

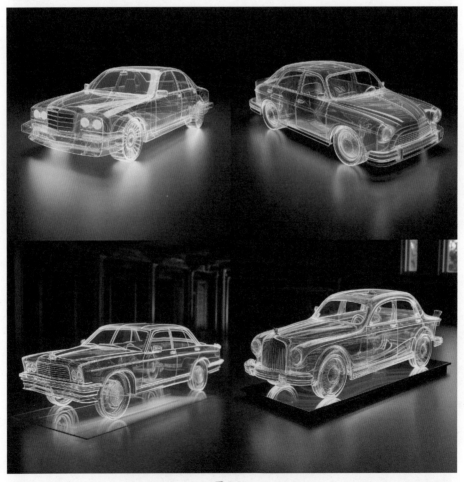

图 5-21

2. 镀铬效果

镀铬效果图（在描述词中运用 made of chrome，这里以汽车为例）如图 5-22 所示。

图 5-22

3. X 光透视效果

X 光透视效果图（在描述词中运用 X-ray，这里以汽车为例）如图 5-23 所示。

图 5-23

4. 生物发光效果

生物发光效果图（在描述词中运用 bioluminescent，这里以汽车为例）如图 5-24 所示。

图 5-24

5. 机械效果

机械效果图（在描述词中运用 mechanic，这里以汽车为例）如图 5-25 所示。

图 5-25

6. 赛博朋克效果

赛博朋克效果图（在描述词中运用 cyberpunk，这里以汽车为例）如图 5-26 所示。

图 5-26

7. 机甲效果

机甲效果图（在描述词中运用 Gundam mecha，这里以汽车为例）如图 5-27 所示。

图 5-27

8. 元宇宙效果

元宇宙效果图（在描述词中运用 metaverse，这里以汽车为例）如图 5-28 所示。

图 5-28

9. 蒸汽效果

蒸汽效果图（在描述词中运用 steam，这里以汽车为例）如图 5-29 所示。

图 5-29

10. 霓虹效果

霓虹效果图（在描述词中运用 Neon spotlights，这里以汽车为例）如图 5-30 所示。

图 5-30

5.4.2　10 种材质效果图像

下面介绍生成 10 种材质效果图像的关键词。

1. 皮革效果

皮革效果图（在描述词中运用 leather，这里以服装为例）如图 5-31 所示。

2. 陶瓷效果

陶瓷效果图（在描述词中运用 ceramics，这里以瓶子为例）如图 5-32 所示。

图 5-31

图 5-32

3. 混凝土效果

混凝土效果图（在描述词中运用 concrete，这里以肖像为例）如图 5-33 所示。

图 5-33

4. 煤炭效果

煤炭效果图（在描述词中运用 coal，这里以杯子为例）如图 5-34 所示。

图 5-34

5. 棉线效果

棉线效果图（在描述词中运用 Cotton thread，这里以外套为例）如图 5-35 所示。

图 5-35

6. 金属效果

金属效果图（在描述词中运用 metal，这里以杯子为例）如图 5-36 所示。

图 5-36

7. 钻石效果

钻石效果图（在描述词中运用 diamond，这里以杯子为例）如图 5-37 所示。

图 5-37

8. 塑料效果

塑料效果图（在描述词中运用 plastic，这里以瓶子为例）如图 5-38 所示。

图 5-38

9. 丝绸效果

丝绸效果图（在描述词中运用 silk，这里以裙子为例）如图 5-39 所示。

图 5-39

10. 报纸效果

报纸效果图（在描述词中运用 newspaper，这里以裙子为例）如图 5-40 所示。

图 5-40

5.4.3　10 种绘画效果图像

下面介绍生成 10 种绘画效果图像的关键词。

1. 水墨画效果

水墨画效果图（在描述词中运用 Ink wash painting，这里以猫咪为例）如图 5-41 所示。

图 5-41

2. 草图风格效果

草图风格效果图（在描述词中运用 Sketching，这里以猫咪为例）如图 5-42 所示。

3. 油画效果

油画效果图（在描述词中运用 oil painting，这里以猫咪为例）如图 5-43 所示。

图 5-42

图 5-43

4. 卡通漫画效果

卡通漫画效果图（在描述词中运用 cartoon，这里以猫咪为例）如图 5-44 所示。

图 5-44

5. 超现实主义效果

超现实主义效果图（在描述词中运用 Surrealism，这里以猫咪为例）如图 5-45 所示。

图 5-45

6. 扁平风格效果

扁平风格效果图（在描述词中运用 **Flat Style**，这里以猫咪为例）如图 **5-46** 所示。

图 5-46

7. 古典风格效果

古典风格效果图（在描述词中运用 classical，这里以猫咪为例）如图 **5-47** 所示。

图 5-47

8. 像素风格效果

像素风格效果图（在描述词中运用 Pixel Style，这里以猫咪为例）如图 5-48 所示。

图 5-48

9. 写实风格效果

写实风格效果图（在描述词中运用 Realistic Style，这里以猫咪为例）如图 5-49 所示。

图 5-49

10. 浮世绘风格效果

浮世绘风格效果图（在描述词中运用 Ukiyoe Style，这里以猫咪为例）如图 5-50 所示。

图 5-50

5.4.4　10 种建筑效果图像

下面介绍生成 10 种建筑效果图像的关键词。

1. 传统中式建筑效果

传统中式建筑效果图（在描述词中运用 Traditional Chinese architecture）如图 5-51 所示。

2. 霓虹街效果

霓虹街效果图（在描述词中运用 Neon Street）如图 5-52 所示。

3. 哥特教堂效果

哥特教堂效果图（在描述词中运用 Gothic Church）如图 5-53 所示。

图 5-51

图 5-52

图 5-53

4. 地中海建筑效果

地中海建筑效果图（在描述词中运用 Mediterranean architecture）如图 5-54 所示。

图 5-54

5. 意大利建筑效果

意大利建筑效果图（在描述词中运用 Italian architecture）如图 5-55 所示。

图 5-55

6. 印度建筑效果

印度建筑效果图（在描述词中运用 Indian architecture）如图 5-56 所示。

图 5-56

7. 巴洛克建筑效果

巴洛克建筑效果图（在描述词中运用 Baroque architecture）如图 5-57 所示。

图 5-57

8. 园林风格建筑效果

园林风格建筑效果图（在描述词中运用 Garden style architecture）如图 5-58 所示。

图 5-58

9. 现代主义建筑效果

现代主义建筑效果图（在描述词中运用 Modernist architecture）如图 5-59 所示。

图 5-59

10. 法国建筑效果

法国建筑效果图（在描述词中运用 French architecture）如图 5-60 所示。

图 5-60

5.4.5　6 种景别效果图像

下面介绍生成 6 种景别效果图像的关键词。

1. 超特写细节效果

超特写细节效果图（在描述词中运用 Ultra close-up detail shot）如图 5-61 所示。

2. 特写效果

特写效果图（在描述词中运用 Close up shot）如图 5-62 所示。

图 5-61

图 5-62

3. 中近景效果

中近景效果图（在描述词中运用 Mid shot）如图 5-63 所示。

图 5-63

4. 全景效果

全景效果图（在描述词中运用 full shot）如图 5-64 所示。

5. 远景效果

远景效果图（在描述词中运用 long-shot）如图 5-65 所示。

6. 大远景效果

大远景效果图（在描述词中运用 extreme long-shot）如图 5-66 所示。

图 5-64

图 5-65

图 5-66

5.4.6　7 种镜头效果图像

下面介绍生成 7 种镜头效果图像的关键词。

1. 广角镜头效果

广角镜头效果图（在描述词中运用 Wide angle lens，这里以女孩为例）如图 5-67 所示。

2. 鱼眼镜头效果

鱼眼镜头效果图（在描述词中运用 Fisheye lens，这里以女孩为例）如图 5-68 所示。

3. 视点镜头效果

视点镜头效果图（在描述词中运用 point of view shot，这里以透过镜头瞄准的第一视角为例）如图 5-69 所示。

4. 仰拍镜头效果

仰拍镜头效果图（在描述词中运用 low-angle shot，这里以女孩为例）如图 5-70 所示。

图 5-67

图 5-68

图 5-69

图 5-70

5. 俯拍镜头效果

俯拍镜头效果图（在描述词中运用 High-angle shot，这里以女孩为例）如图 5-71 所示。

图 5-71

6. 斜角镜头效果

斜角镜头效果图（在描述词中运用 dutch angle shot，这里以女孩为例）如图 5-72 所示。

图 5-72

7. 背景虚化效果

背景虚化效果图（在描述词中运用 Blurred background，这里以女孩为例）如图 5-73 所示。

图 5-73

第 6 章

使用 Stable Diffusion 构图

使用 Stable Diffusion 进行构图是融合了文本描述、图像生成以及艺术创作技巧的综合性过程。Stable Diffusion 作为一款基于大型模型的 AI 图像生成工具，具备从简略涂鸦起步，逐步丰富细节，直至创作出与目标图像高度相似的作品的能力。以下将详细阐述使用 Stable Diffusion 进行构图的具体步骤与实用技巧。

6.1 使用涂鸦构图

本例首先使用 Photoshop 的画笔工具绘制一幅简单的汽车涂鸦，如图 6-1 所示。然后在 Stable Diffusion 中进行汽车的生成，最终生成效果如图 6-2 所示。

图 6-1

图 6-2

（1）在 Photoshop 中画出一个汽车的涂鸦，如图 6-3 所示。

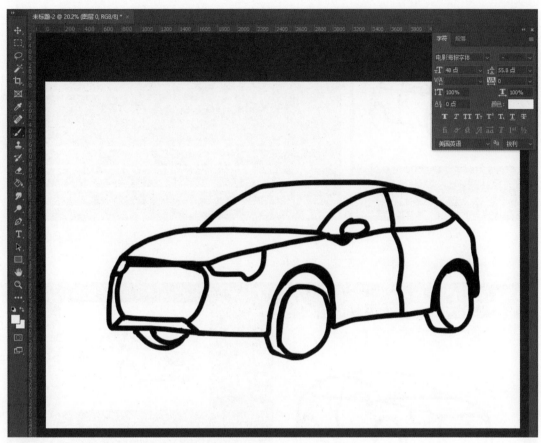

图 6-3

（2）打开 Web UI 界面，进入"图生图"页面。选择麦穗写实大模型，在正向提示词框中输入 car（汽车），如图 6-4 所示。

图 6-4

（3）将画出的汽车涂鸦导入，如图 6-5 所示。

（4）设置重绘尺寸等参数，如图 6-6 所示。

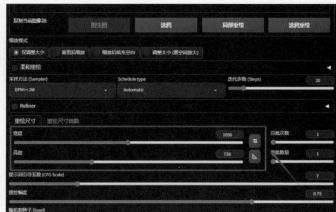

图 6-5　　　　　　　　　　　　　　　　　　　　图 6-6

（5）单击"生成"按钮生成图像，如图 6-7 所示。

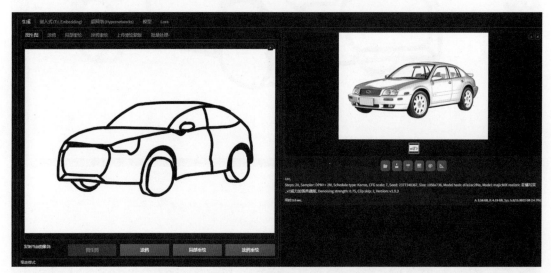

图 6-7

最终效果如图 6-8 所示。

图 6-8

6.2　使用色块构图

本例首先使用 Photoshop 的画笔工具绘制一幅简单的色块涂鸦，如图 6-9 所示。然后在 Stable Diffusion 中进行场景的生成，最终生成效果如图 6-10 所示。

图 6-9　　　　　　　　　　　　　　　　　　　　　　　图 6-10

（1）在 Photoshop 中画出一个场景的色块涂鸦，如图 6-11 所示。

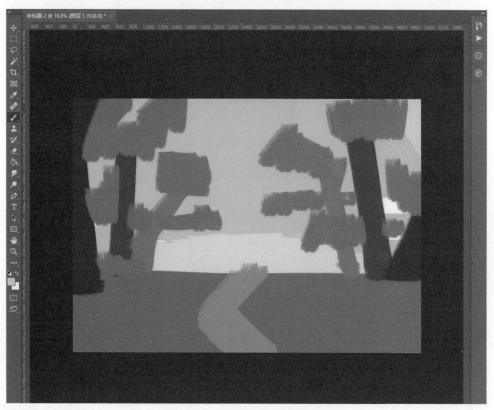

图 6-11

（2）打开 Web UI 界面，进入"图生图"页面。选择麦穗写实大模型，在正向提示词框中输入 Jungle path（丛林路径），然后将画出的涂鸦导入，如图 6-12 所示。

图 6-12

（3）设置重绘尺寸和采样方法等参数，如图 6-13 所示。

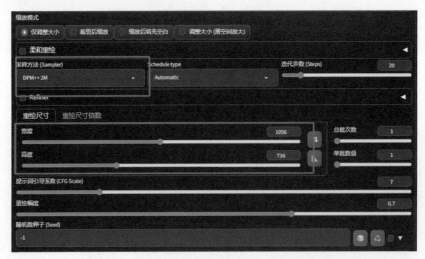

图 6-13

（4）单击"生成"按钮生成图像，如图 6-14 所示。

图 6-14

最终效果如图 6-15 所示。

图 6-15

6.3 使用 ControlNet 辅助构图

ControlNet 插件专门用于控制预训练的图像扩散模型，它允许用户导入调节图像，并借助这些图像来引导和调整生成图像的过程。该插件能够依据多种输入，如线稿、深度图，以及姿势关键点等，实现对生成图像的精确控制。本例的最终生成效果如图 6-16 所示。

图 6-16

（1）在 Photoshop 中画出一个苹果的线稿涂鸦，如图 6-17 所示。

（2）进入 Web UI 界面，首次尝试通过涂鸦控制来生成图像。在提示词框中输入 1 apple（一个苹果），设置"迭代步数"为 20、"采样方法"为 DPM++ 2M，同时设置生成画幅的尺寸为 792×464 像素，其余参数保持初始设置不变，如图 6-18 所示。

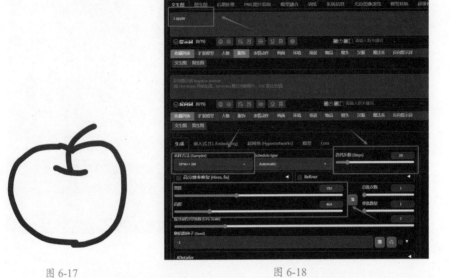

图 6-17　　　　　　　　　　　　　　　　　　　　　图 6-18

（3）打开 ControlNet 插件，勾选"启用"复选框，设置"控制类型"为 Scribble（涂鸦），上传提前画好的苹果线稿图像，如图 6-19 所示。

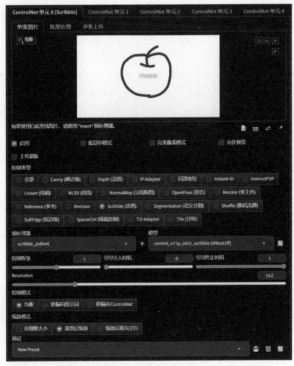

图 6-19

（4）单击"生成"按钮生成图像，如图 6-20 所示。

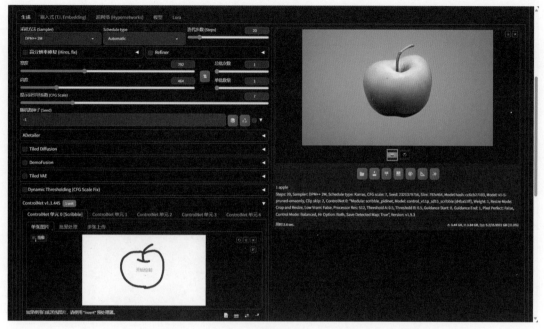

图 6-20

最终效果如图 6-21 所示，至此得到了一个使用 ControlNet 插件生成的苹果图像。

图 6-21

6.4　使用 OpenPose 辅助构图

OpenPose 是由卡内基梅隆大学感知计算实验室开发的强大的开源项目，它基于深度学习的方法，特别是卷积神经网络（CNNs）的模型，专注于提供实时的多个人体、面部和手部关键点检测的解决方案。本例的最终生成效果如图 6-22 所示。

（1）找到 Control Net 选项卡进行图像的导入，需要上传一张带有人物姿势的图像，如图 6-23 所示。

图 6-22　　　　　　　　　　　　　　　　　　图 6-23

（2）选择"控制类型"区域中的 OpenPose（姿态）控制器，并在"预处理器"和"模型"中选择姿态处理。勾选"允许预览"复选框，单击"预处理器"后面的█按钮进行预览，如图 6-24 所示。

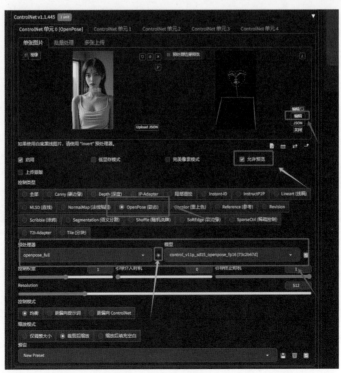

图 6-24

（3）如果要进一步调整姿势，单击预览图像旁边的"编辑"按钮，然后进行进一步的编辑。在"编辑"页面中可以调整相应的骨骼结构，如图 6-25 所示。

图 6-25

（4）调整好后单击"发送姿势到 ControlNet"按钮，即可完成姿态的处理。选择相应的大模型及 LoRA，调整相应的参数，即可进行姿态控制，如图 6-26 所示。

图 6-26

（5）单击"生成"按钮生成图像，如图 6-27 所示。

图 6-27

6.5 使用 3D Openpose 辅助构图

3D Openpose 是 Stable Diffusion 中的一款插件，用户在使用 3D Openpose 前需要安装 3D Openpose 插件。下面介绍使用 3D Openpose 辅助构图的操作方法。

（1）安装完成的 3D Openpose 插件会在界面顶部的菜单栏中显示。打开"3D 骨架模型编辑（3D Openpose）"页面即可呈现三维视图中的骨骼模型。用户可以通过调整各个骨骼的关键点（即支点）来定制所需的姿势，如图 6-28 所示。

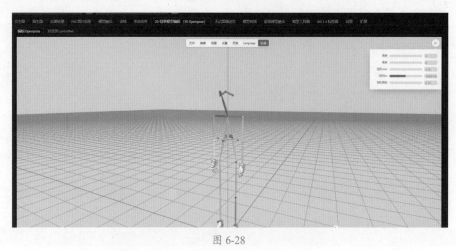

图 6-28

（2）选中每个骨骼节点后会出现一个旋转球，允许用户通过选择不同方向来精确地控制其旋转，从而实现更细致的姿态调整，如图 6-29 所示。

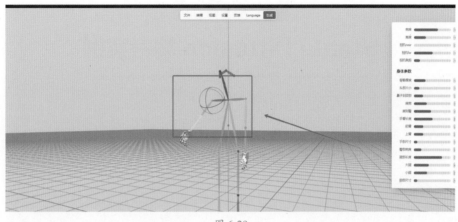

图 6-29

（3）通过精细地控制各个骨骼节点，成功构建了一个生动的奔跑状态姿势。做好了姿势之后单击上方的"生成"按钮生成图形，如图 6-30 所示。

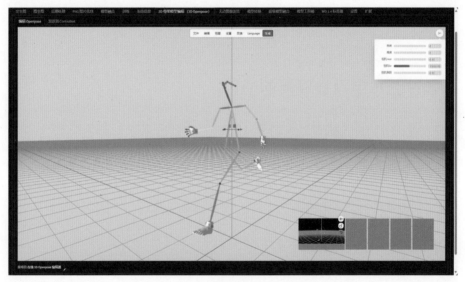

图 6-30

（4）此时观察到，系统已自动将刚调整的奔跑姿势保存为一张姿势图像。单击"发送到文生图"按钮，该图像即被传输至文生图的 ControlNet 中。接下来即可使用姿势模型基于该姿势图像生成对应的图像，如图 6-31 所示。

图 6-31

第 7 章

Stable Diffusion 综合实例

Stable Diffusion 在品牌符号设计、海报创作、人物插画与风格转换、高清图像修复与细节重塑、动画内容创作与视频后期编辑等诸多领域，以及在激发创意与灵感方面，均展现出了其广泛的潜能。它已不再局限于单纯的技术工具层面，而是蜕变成为一个能够激发无限创意与灵感的卓越平台。用户通过不断尝试与精细地调整提示词、参数设定及模型选择，能够解锁并挖掘出众多前所未有的图像风格与视觉效果。这一过程不仅极大地促进了个人审美能力的跃升与艺术修养的深化，更为跨领域的创意工作带来了鲜活灵感与珍贵借鉴。

7.1 AI 在艺术字设计领域的应用

AI 在艺术字设计领域的应用日益广泛，其强大的算法和学习能力为艺术字创作带来了革命性的变化。以往，要实现具备层次感和文字与图像完美融合的复杂视觉效果，往往需要依赖于专业的 3D 工具或对设计软件具备深厚的操作技能。然而，现今 Stable Diffusion 的引入，使这一过程变得轻松、简单，能够直接助力用户实现多样化的创意视觉效果。接下来将通过具体的实例详细展示其制作流程，让读者更直观地了解其强大功能。

7.1.1 图像的导入与模式的选择

导入文字图像与选择模式的具体操作步骤如下。

（1）准备一张目标艺术字的文字图像，确保背景为白色、文字为黑色，如图 7-1 所示。

图 7-1

（2）打开 Web UI 界面，并打开 ControlNet 插件，将事先准备好的白底黑字的文字图像拖入图像输入框内。然后勾选"启用"和"完美像素模式"复选框，以增强处理效果。若用户的计算机的显存资源有限，建议同时勾选"低显存模式"复选框，以优化性能，如图 7-2 所示。

图 7-2

（3）选择好适合的大模型及其对应的 VAE 模型，然后在提示词输入框中根据期望输入相应的材质、场景、效果等描述。这里的提示词示例为 physically-based rendering, beautiful detailed glow,（detailed ice），house, train, snowflakes, in winter（基于物理渲染器的渲染效果，美丽的细节光晕，（细节丰富的冰），房子，火车，雪花，冬天），如图 7-3 所示。

图 7-3

7.1.2 预处理器的选择

预处理器提供多种选项，每种选项都会带来不同的视觉效果。以下是具体操作演示。

（1）若选择 depth_midas 预处理器及其对应模型，按前述步骤生成后，可能会发现文字呈现出从背景平面凸起的效果，如图 7-4 所示。

（2）若希望文字部分呈现凹陷效果，则无须在预处理器上进行特定选择，即可达到此效果，如图 7-5 所示。

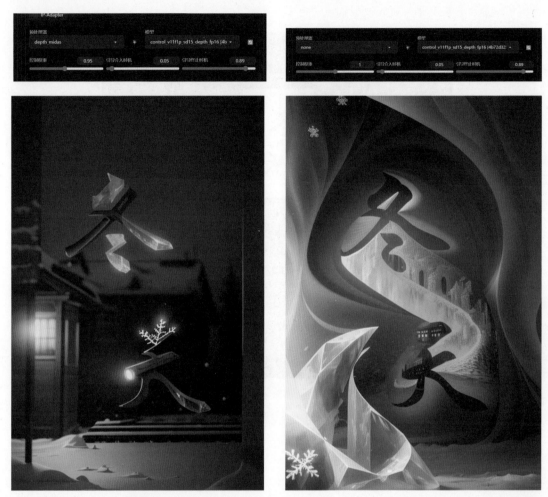

图 7-4　　　　　　　　　　　　　　　　　图 7-5

（3）若要将文字自然地融入图像之中，首要目标是保持文字形态清晰呈现，此时推荐选用 Canny 或 LineArt 模型，并配以相应的预处理器，以实现文字与图像背景的和谐统一，如图 7-6 所示。

（4）若追求文字的独特创意效果，可尝试使用 Invert 预处理器的 Scribble 模型。此模型对文字边缘的控制较为宽松，常能意外地生成趣味横生的视觉效果，如图 7-7 所示。

不同控制权重、引导介入与终止时机对画面效果有显著的影响。权重增加，文字边缘愈发清晰精准；反之，降低权重则赋予形体更多自由度，但当权重过低时，对画面的影响趋于微妙，一般建议设置为 0.5 ～ 1。引导介入与终止时机则决定了 ControlNet 何时开始及结束对图像生成的干预。提前介入并延迟终止，能让 AI 创作更为自由不羁。至于具体效果，还需创作者亲自试验，以体会其微妙变化。

图 7-6　　　　　　　　　　　　　　　图 7-7

7.2　AI 在二维码商用设计领域的应用

在创作艺术二维码的过程中，使用 Stable Diffusion 时，经常会引入两个全新的 ControlNet 模型，即 Brightness（亮度）与 Illumination（光照）。其中，Brightness 模型通过精细地调控图像内部的亮度分布，依据信息图巧妙地将特定的形体元素融入画面之中；而 Illumination 模型则依据信息图，灵活地调整图像内部的相对明暗对比，从而模拟出逼真的光影效果，精准地呈现出特定的形状轮廓。这两种模型的引入，为艺术二维码的创作带来了极为丰富的视觉表现手段与无限的创意空间。

7.2.1　下载模型并生成原始二维码

下载模型并生成原始二维码的具体操作步骤。

（1）下载 Brightness 和 Illumination 两个模型，可访问网址 https://huggingface.co/ioclab/ioc-controlnet/tree/main/models，如图 7-8 所示。

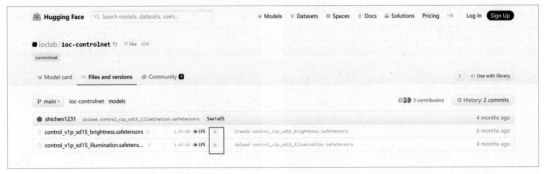

图 7-8

（2）将下载好的模型文件存入 ControlNet 的 models 文件夹中，具体路径如图 7-9 所示。

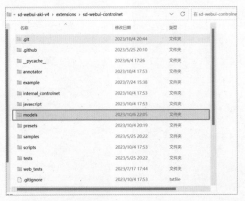

图 7-9

（3）准备好模型后，需要制作一个二维码。这里推荐使用草料二维码网站，它支持将文本、网址、文件、图像等多种格式转换为二维码，如图 7-10 所示。

图 7-10

7.2.2　生成艺术二维码

生成普通二维码后，通过 Web UI 制作艺术二维码的具体步骤如下。

（1）进入 Web UI 界面，启动 ControlNet 功能，将准备好的二维码图像拖入图像输入框内，同时勾选"启用"和"完美像素模式"复选框。若计算机的显存较低，可不选择预处理器，直接从 Brightness（亮度）模型和 Illumination（明度）模型中择一使用。为了确保二维码的可识别性，控制权重一般不低于 1，因此需要适当放宽引导介入和终止时机，以防止图像边缘过于生硬，如图 7-11 所示。

图 7-11

若生成的图像难以识别二维码，可尝试通过降低引导介入时机或提高引导终止时机进行调整。

（2）完成上述操作后，即可选择大模型及对应的 VAE 模型，并输入正向提示词和负向提示词。本例中，正向提示词为 {{masterpiece}}、illustration、best quality、extremely detailed CG unity 8k wallpaper、original、high resolution、oversized documents、portrait 等，特别强调了 {{{extremely delicate and beautiful girl}}}（杰作、插图、最佳质量、极其精细的 CG 统一 8K 壁纸、原创、高分辨率、超大文件、肖像等，特别强调了极其娇嫩美丽的女孩），并细化了人物特征，如 1girl、solo、messy hair、hair flowing in the wind、blonde hair（女孩、独唱、凌乱的头发、随风飘动的头发、金发）等。为了让二维码内部的内容丰富，需要提高初始分辨率，此处设置为 768×768 像素，如图 7-12 所示。同时，使用深度控制、轮廓等设置进一步增强画面效果。

图 7-12

然后单击"生成"按钮，最终效果如图 7-13 所示。

图 7-13

7.3   AI 在电商产品海报领域的应用

AI 在电商产品海报领域的应用日益广泛，其先进的算法与卓越的数据处理能力为电商产品海报的设计、制作及优化带来了颠覆性的变革。电商海报作为 AI 设计的一大应用场景，不仅极大地降低了拍摄成本，还显著地提升了制作效率。本节将介绍美妆产品电商海报的设计流程，从使用 Midjourney 工具创作引人入胜的产品背景图，到借助 Stable Diffusion 技术精细地调整光影效果，全方位展示如何打造一款精美绝伦的电商海报产品图，从而提升海报的吸引力和市场竞争力。

7.3.1   用 Midjourney 制作产品背景图

图 7-14

通过 Midjourney 制作产品背景图并与产品图简单融合的具体操作步骤如下。

（1）准备好需要融入背景的产品图素材。为了使产品图更好地与背景环境融合，同时排除其他因素的干扰，创作者需要先对产品图进行简单的抠图处理。以口红为例，在抠图完成后，将得到一个带有透明背景的图像，便于后续的背景拼合操作，如图 7-14 所示。

（2）打开 Midjourney，为了将产品与背景完美融合，创作者需要生成一张富含红色元素且能体现口红质感的空景图。这里使用的提示词是 lighting, embracing minimalism. The soft light and shadow play together, creating a dreamy atmosphere. Professional color correction is applied to ensure the image maintains its super detail. The final product is a high-resolution, HD photograph, even up to 8K, that captures the essence of the scene in stunning detail（在摄影领域，采用顶视图对准纯色干净背景，可营造超现实效果。设想一个场景，聚焦前景中摆放着一张奶油色木桌，桌上点缀着精致花朵与一簇草。灯光追踪技术与室内工作室照明强化了场景的柔和色调，融合了极简主义风格。柔和的光影相互交织，营造出梦幻氛围。应用专业色彩校正，确保图像保持超高细节。最终成品为一张高分辨率的高清照片，甚至可达 8K，以惊人细节捕捉场景精髓）。选择喜欢的图像进行放大，若不满意，可单击右侧的蓝色按钮生成更多选项，或调整提示词以获取理想效果，如图 7-15 所示。

（3）将背景和产品进行拼合，调整口红的比例和位置，这一步只需要简单地将其放在一起即可，如图 7-16 所示。

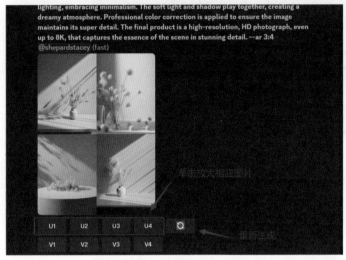

图 7-15

图 7-16

7.3.2　用 Stable Diffusion 处理光影效果

通过 Stable Diffusion 进行光影处理，能够显著地提升产品与背景的融合度，具体操作步骤如下。

（1）打开 Stable Diffusion，进入"图生图"页面，将已拼合好的图像拖曳至图像框内，如图 7-17 所示。

（2）在 ControlNet 的界面中，首先在第一个和第二个图像框中分别载入图像。然后选择 SoftEdge（软边缘）预处理器和 Depth（深度）预处理器，并确定对应的模型（注意，预处理器有多种选择，使用 Tile 或 Lineart 也能实现类似效果），如图 7-18 所示。

图 7-17

图 7-18

　　将 7.3.1 节中关于 Midjourney 的背景提示词复制过来，并在其中融入 appropriate light and shadow（适当的光影）、light shadow reflection（光影反射）、shadow（阴影）、cosmetic（化妆品）、lipstick（口红）这些提示词，以确保在图像生成的过程中能够同时添加光影效果，如图 7-19 所示。

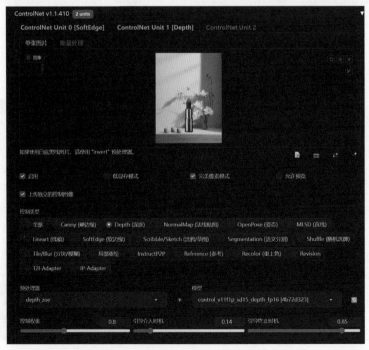

图 7-19

图 7-19（续）

（3）"迭代步数"可适当增加，以提升细节的丰富度，同时确保宽度和高度与原图保持一致。"重绘幅度"通常设置为 0.3～0.5。若融合效果不佳，可适当调高"重绘幅度"；若生成的图像与原图差异显著，可以使用 Photoshop 等后期处理软件，在保留光影效果的同时，通过调整来避免产品图变形或画质下降，进而调整重绘幅度。单击"生成"按钮，筛选出满意的图像，如图 7-20 所示。

图 7-20

7.4　AI 在游戏服装设计领域的应用

借助 Stable Diffusion 的 ControlNet 插件，设计师在人物动作、空间布局及光影效果等关键方面实现了前所未有的高度可控性，这一突破极大地扩展了设计创作的边界。在游戏服装设计领域，设计师只需输入基础参数或风格导向，AI 系统便能迅速响应，生成多样化的设计方案。这种智能草图生成技术不仅显著地提升了设计效率，还实现了设计师与 AI 系统的即时互动，使得设计师能够依据实时反馈灵活地调整并优化设计，直至达到理想效果。

为了更进一步地实现特定风格图像的定制化生成，通常会融入 LoRA 模型。然而，构建此类模型往往需要庞大的训练数据集作为坚实的支撑，这对许多设计师而言是一大挑战。幸运的是，Midjourney 平台为创作者们提供了海量的无版权素材资源，有效地缓解了数据集的获取难题，为设计师们打开了通往无限创意的大门。

接下来，以使用 Midjourney 平台设计的创意服装为基础，详细展示如何生成一个可由

Stable Diffusion 调控的 LoRA 模型。这一设计思路的实施过程将充分展现 AI 技术如何与设计师的创意灵感相结合，共同推动游戏服装设计领域的创新与发展。

7.4.1　用 Midjourney 制作服装素材

通过 Midjourney 可以创作出大量可供使用的无版权服装训练素材，以下是具体的操作步骤。

（1）为了使设计的服装既富有想象力又具有真实感和摄影质感，首先需要在设置中选用当前最新的正常模型，如图 7-21 所示。

图 7-21

（2）以一位站在长城之上的中国女将军身着的创意服装为例，描述语为 A Chinese female general wearing red armor is on the Great Wall of China（一位身穿红色盔甲的中国女将军站在长城之上），如图 7-22 所示。

图 7-22

生成效果如图 7-23 所示。

（3）训练模型至少需要 20 ～ 30 张素材图像。为了高效地产出大量素材，可以使用 repeat 后缀指令实现自动批量生成。在 repeat 指令后加空格再输入数字，该数字代表生成的批次，上限值为 10，即单条指令最多可设置同时生成 10 批。在添加 repeat 指令后，系统将弹出提示，单击 Yes 按钮即可开始生成，如图 7-24 所示。

图 7-23

图 7-24

（4）生成完成后，挑选出符合需求的 20 ～ 30 张素材进行放大并保存，如图 7-25 所示。

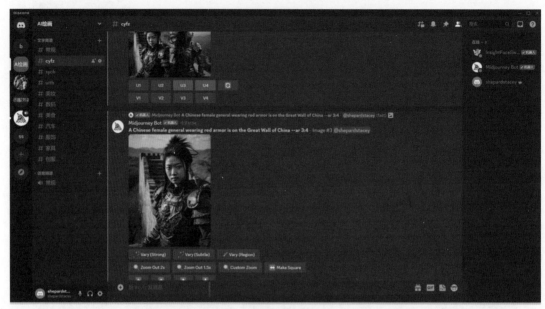

图 7-25

7.4.2　用 Stable Diffusion 训练服装模型

Stable Diffusion 能够将用 Midjourney 设计的创意服装素材训练成可控的 LoRA 模型，以下是训练服装模型的具体操作步骤。

（1）打开 Stable Diffusion，并切换到"WD 1.4 标签器"页面。选择"批量处理文件夹"，然后将已整理好的素材图像文件路径粘贴到相应位置，同时勾选"使用 glob 模式递归搜索"和"删除重复标签"复选框，以确保处理效率和准确性，如图 7-26 所示。

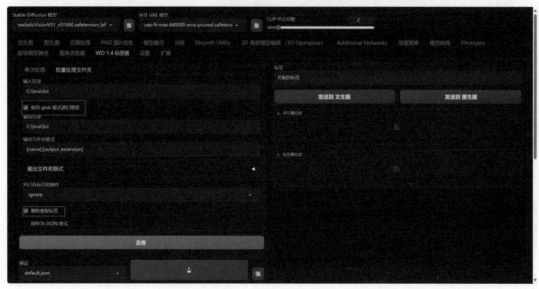

图 7-26

（2）下方的阈值可设置为 0.3 ~ 0.5，然后单击"反推"按钮，如图 7-27 所示。

图 7-27

（3）等待反推过程完成后，即可看到 AI 根据图像自动生成的 Tag 标签文件，如图 7-28 所示。通常，智能识别的文本可能不完全准确，存在重复或遗漏的标签，这时需要手动进行调整或修改，如在之前 LoRA 模型训练中所提及的那样。

图 7-28

（4）打开训练器脚本文件目录，定位至 train 文件夹，并在此新建一个文件夹，命名可根据模型名称灵活设定。在新建的文件夹内再次创建文件夹，命名须遵循"数字 _ 名字"的格式，例如 20_xzs，其中数字 20 代表 repeat 次数，即 AI 对每张图像的学习次数，对于人像服装，一般建议设置 repeat 值为 20 ~ 30。然后将准备好的素材及对应的 Tag 标签文件全部放入此文件夹中，如图 7-29 所示。

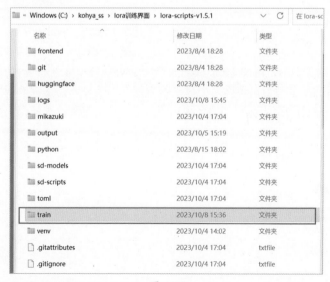

图 7-29

图 7-29（续）

（5）打开训练器脚本，首先需选择适用的底模。鉴于训练内容为人物服装，优先选择 chilloutmix 模型，因其能生成更具泛用性的真实图像，如图 7-30 所示。

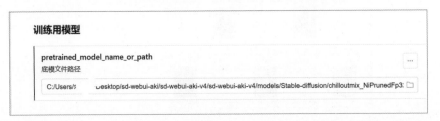

图 7-30

（6）设置训练数据集路径，需要选择存放素材的上级目录，即包含"数字 _ 名字"文件夹的上一级文件夹，如图 7-31 所示。

图 7-31

（7）在配置训练参数时，max_train_epochs 除以 save_every_n_epochs 决定了最终生成的模型数量。train_batch_size 的数值设置需考虑显卡的性能，数值越大训练速度越快，但对显存的要求也更高。过高的 train_batch_size 可能导致模型收敛变慢，甚至引发欠拟合，如图 7-32 所示。

图 7-32

（8）优化器设置方面，常用 AdamW8bit 或 Lion。U-Net 模型的学习率默认设置为 1e-4，也可以采用 DAdaptation 优化器自动寻找该模型的最优学习率。至于文本学习率，通常设置为 U-Net 学习率的二分之一或十分之一，具体如图 7-33 所示。

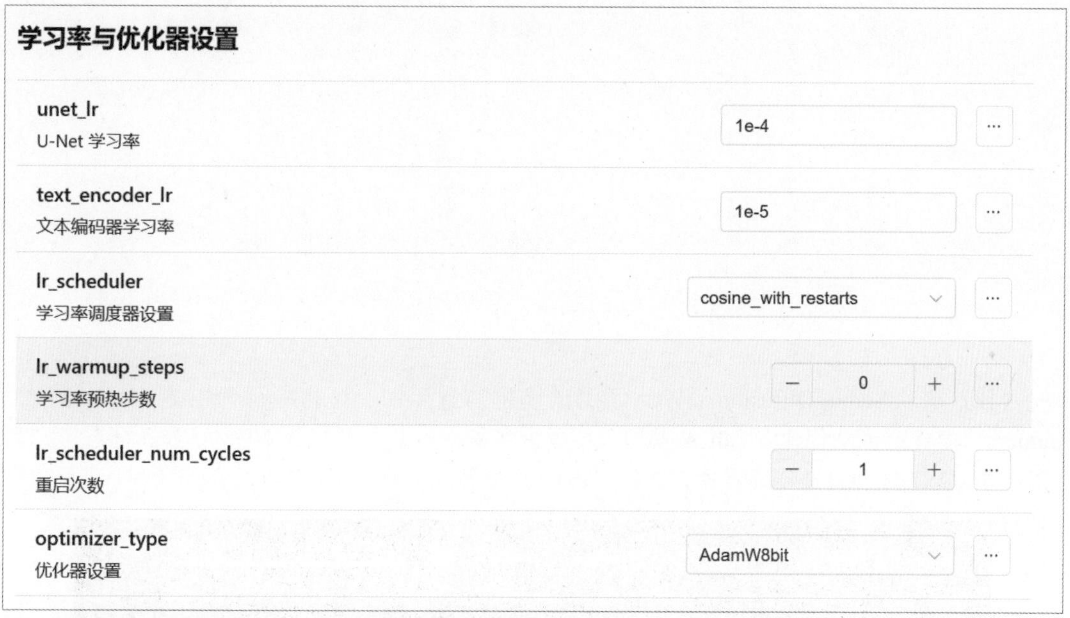

学习率与优化器设置

unet_lr U-Net 学习率	1e-4
text_encoder_lr 文本编码器学习率	1e-5
lr_scheduler 学习率调度器设置	cosine_with_restarts
lr_warmup_steps 学习率预热步数	− 0 +
lr_scheduler_num_cycles 重启次数	− 1 +
optimizer_type 优化器设置	AdamW8bit

图 7-33

（9）网络维度与 AI 学习的精确度有关联，但并非精确度越高越好。一般而言，针对动漫内容的设置值常为 32，人物则为 32 ～ 128，而实物和风景建议设置为大于或等于 128。此外，alpha 的值通常设为维度（dim）的一半，具体如图 7-34 所示。

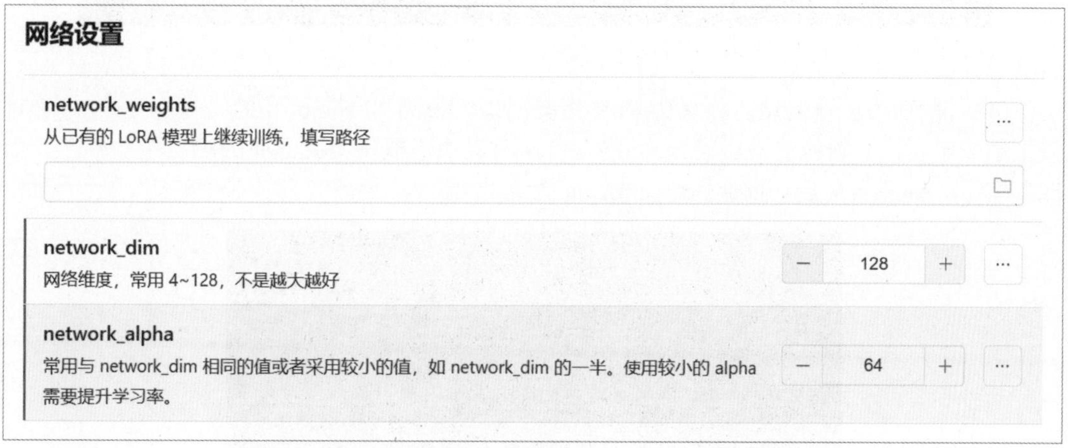

网络设置

network_weights 从已有的 LoRA 模型上继续训练，填写路径	
network_dim 网络维度，常用 4~128，不是越大越好	− 128 +
network_alpha 常用与 network_dim 相同的值或者采用较小的值，如 network_dim 的一半。使用较小的 alpha 需要提升学习率。	− 64 +

图 7-34

（10）设置完网络维度后，其他参数可以暂时保持默认，直接单击"开始训练"按钮，并等待模型训练完成。训练结束后，将生成的所有模型文件放入 Stable Diffusion 的 LoRA 模型文件夹（一般为 Lora 文件夹）。然后对这些模型进行测试，以确保其效果符合预期，如图 7-35 所示。

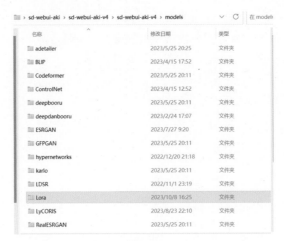

图 7-35

（11）启动 Stable Diffusion 后，为了测试模型的泛用性，可将提示词中的 outdoors 改为 indoors。接着选择刚创建的 LoRA 模型，将模型名称中的数字替换为 NUM（或其他自定义名称），并将 STRENGTH 作为强度参数进行设置，如图 7-36 所示。

图 7-36

（12）在脚本扩展区域，将 X 轴和 Y 轴类型均设置为 "Prompt S/R"。X 轴的值为已有模型的数字名，Y 轴的值一般设定为 0.6 ～ 1，两者均需要用英文逗号分隔。然后单击 "生成" 按钮，AI 将自动启动批量处理流程，如图 7-37 所示。

图 7-37

最终将生成如图 6-25 所示的 XY 轴对比图像，从中选择最优模型即可，如图 7-38 所示。

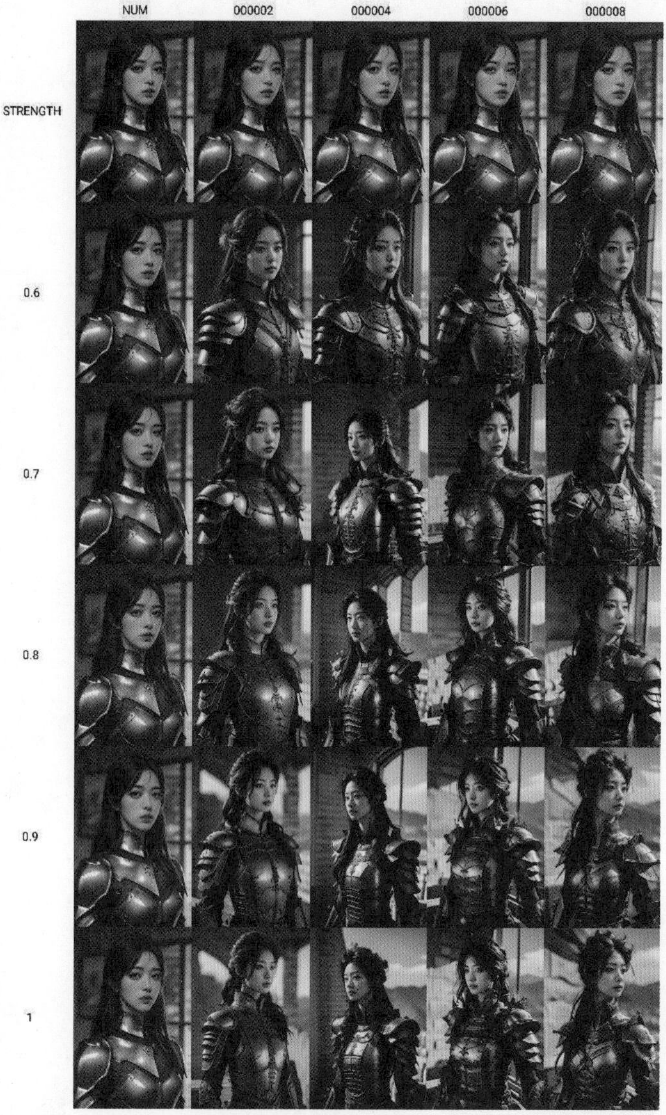

图 7-38

7.5　AI 在动漫设计领域的应用

AI 在动漫设计领域的应用日益深化，其强大的算法与数据处理能力为动漫创作领域带来了颠覆性的变革。凭借用户输入的参数或描述，AI 软件能够自动生成独具特色且细节丰富的动漫角色，这些角色不仅个性鲜明，还能根据性格特征自动生成相应的表情与动作。例如 Artbreeder、GANPnt Studio 等 AI 软件，更是允许用户通过混合与匹配不同图像元素，创造出独一无二的动漫角色与头像，极大地节省了艺术家的时间与精力，同时也为创作者提供了源源不断的灵感源泉。

AI 技术在动漫场景布局自动生成方面也展现出了非凡的能力，包括背景、道具等元素的智能化生成，使得动漫制作更加高效，大幅度降低了人工绘制场景的工作量。更值得一提的是，AI 技术还能根据剧情需求自动生成与角色和情节高度契合的背景，从而显著地提升动漫的整体视觉效果。在《哪吒之魔童降世》《大鱼海棠》以及《白蛇：缘起》等备受瞩目的动漫电影中，AI 绘画技术被广泛应用于人物塑造与场景设计，为影片增添了无限光彩。

在使用 Midjourney 进行动漫效果图的设计时，设计师们常会遇到这样一种困境：图像构图与线条虽出色，但颜色控制却成为一大难题。Stable Diffusion 技术的引入能够基于同一线稿生成多种色彩方案，并稳定控制边缘，与 Midjourney 相结合，有效地解决了这一困扰。此外，设计师还能通过为手绘线条草稿上色渲染，迅速制作出立体、生动的动漫效果图。接下来将以熊猫动漫角色为例，详细展示这一结合 AI 技术的动漫设计流程。

7.5.1　用 Midjourney 制作线稿

使用 Midjourney 可以创作出线条风格的动漫角色，以古装大熊猫为例，具体操作步骤如下。

（1）打开 Midjourney，并输入描述语 A giant panda wearing an ancient costume drawn with black and white lines，with a white background and black and white sketch style（一只穿着古装的大熊猫，用黑白线条绘制，白色背景，黑白素描风格），如图 7-39 所示。

（2）挑选出满意的图像进行放大，并保存下来，如图 7-40 所示。

图 7-39

图 7-40

7.5.2　用 Stable Diffusion 上色

使用 Stable Diffusion 可以为 Midjourney 生成的线稿增添 3D 效果，并进行灵活的上色处理，具体操作步骤如下。

（1）打开 Stable Diffusion，将之前生成的线稿图放入 ControlNet 的图像框内。勾选"启用"和"完美像素模式"复选框，在"预处理器"中选择 Lineart 或 Canny，并选择对应的模型，以确保线条的精准识别和增强，如图 7-41 所示。

图 7-41

（2）在界面上方，从大模型列表中选择 revAnimated，并附加相关的 3D 效果 LoRA 模型。调整尺寸，以匹配原图，并可以增加批次数量，以一次性生成多张图像。最后单击"生成"按钮，如图 7-42 所示。

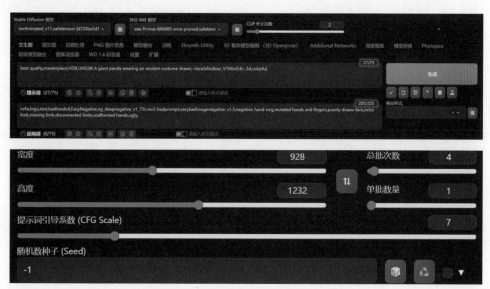

图 7-42

此时，创作者可以预览到多种上色效果，如图 7-43 所示。

图 7-43

7.6　AI 在商业插画领域的应用

商业插画的应用领域极为广泛，AI 技术的引入更是为其增添了无限可能。AI 能够精准地捕捉市场需求与消费者偏好，迅速锁定插画的主题与整体风格，无论是追求前卫的科技感，还是营造梦幻的浪漫色彩，都能为创作提供清晰而明确的方向。借助 AI 技术，设计师能够轻松挥洒创意，打造出引人入胜的广告插画，极大地提升广告的视觉冲击力，从而成功吸引消费者的目光。

AI 插画不仅能精准地传达广告信息，更在增添广告的趣味性和互动性方面展现出卓越能力，从而有效地提升广告的转化率。通过结合 Midjourney 和 Stable Diffusion 等先进工具，设计师能够迅速地构建出符合商业需求的插画模型。此外，借助其他 LoRA 模型或 ControlNet 插件，设计师还能对插画进行多样化的可控调整及风格化处理，进一步满足多元化的商业需求，实现插画创作的个性化与定制化。

7.6.1　用 Midjourney 制作商业插画训练素材

使用 Midjourney 制作商业插画训练素材的步骤如下。

（1）以扁平插画为例，输入描述语 Cute girl, economist working on financial and marketing project in modern office Notion, Minimalist, Character vector, white background（可爱的女孩，在现代办公室从事金融和营销项目的经济学家，极简主义，字符矢量，白色背景），如图 7-44 所示。

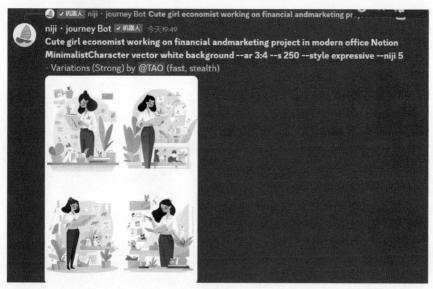

图 7-44

（2）等待生成结果，效果如图 7-45 所示。

（3）训练模型至少需要 20 ～ 30 张素材图像。为了高效地生成大量素材，可以使用 repeat 后缀指令实现自动批量生成。在 repeat 指令后添加空格及数字，其中数字代表要生成的批次，上限值为 10，即一个指令最多可同时生成 10 批图像。在添加 repeat 指令后，系统会显示确认提示，单击 Yes 按钮即可开始生成，如图 7-46 所示。

图 7-45

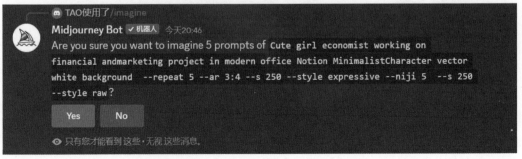

图 7-46

（4）生成完成后，挑选出符合需求的素材进行放大，并保存下来，如图 7-47 所示。

图 7-47

7.6.2　用 Stable Diffusion 训练插画模型

使用 Stable Diffusion 将 Midjourney 设计的插画素材训练成可控的 LoRA 模型，具体操作步骤如下。

（1）打开"WD 1.4 标签器"页面，将已整理好的素材图像文件路径粘贴到指定位置，在下方设置阈值为 0.3 ～ 0.5，然后单击"启动"按钮，如图 7-48 所示。

图 7-48

（2）等待反推过程结束后，AI 会根据图像自动生成 Tag 文本。注意，智能识别的文本并不完全准确，可能存在重复或遗漏的标签，因此需要手动进行调整或修改（这在前面 LoRA 模型的训练中已有提及），如图 7-49 所示。

flat illustration, plant, solo, 1boy, short hair, computer, chair, black hair, sitting, potted plant, male focus, hood, pants, black pants, laptop, book, hoodie, blue hoodie, long sleeves, desk, monitor, hood down, cup, profile

图 7-49

（3）打开训练器脚本文件目录，定位到 train 文件夹，并在其中新建一个文件夹，文件夹的名称应基于模型名称来设定。接着在新建的文件夹内创建一个子文件夹，子文件夹的名称须遵循"数字 _ 名字"的格式。通常，对于绘画图像，repeat 值的设置范围为 7 ~ 15。然后将之前准备好的素材图像及其对应的 Tag 文本全部放入该子文件夹中，如图 7-50 所示。

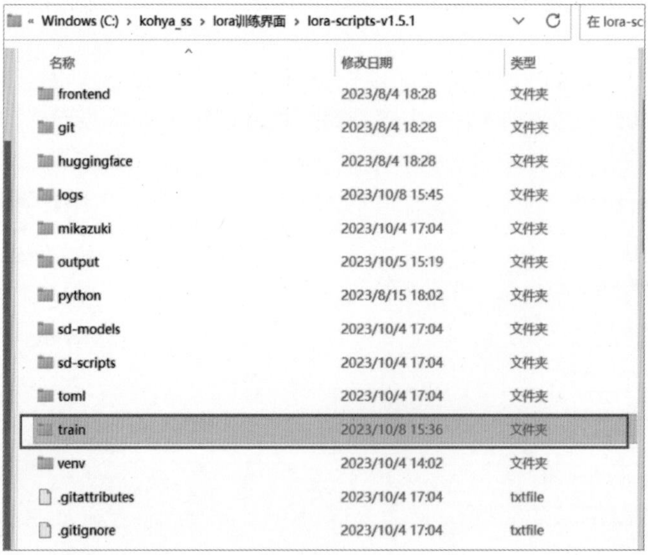

图 7-50

（4）打开训练器脚本，选择 LoRA 训练选项。首先需要选择训练时使用的底模，由于训练的图像为插图，所以首选 anythingv5 模型，因为在此模型的基础上训练的绘画图像通常能展现出更好的泛用性，如图 7-51 所示。

图 7-51

（5）在设置训练数据集路径时，需要选择存放素材的上级目录，即之前创建的"数字 _ 名字"文件夹的上一级文件夹，如图 7-52 所示。

train_data_dir
训练数据集路径

C:/kohya_ss/lora训练界面/lora-scripts-v1.5.1/train/Flat illustration/15_Flat illustration

图 7-52

（6）调整 max_train_epochs 和 save_every_n_epochs，以决定最终生成的模型数量，同时通过改变 train_batch_size 的数值来调整训练速度，这一设置需要根据显卡的性能来合理确定，如图 7-53 所示。

save_every_n_epochs
每 N epoch（轮）自动保存一次模型　　　　　　　　　　－　　2　　＋　　…

训练相关参数

max_train_epochs
最大训练 epoch（轮数）　　　　　　　　　　　　　　　　－　　10　　＋　　…

train_batch_size
批量大小　　　　　　　　　　　　　　　　　　　　　　　－　　2　　＋　　…

图 7-53

（7）在优化器设置方面，常用 AdamW8bit 或 Lion，U-Net 学习率默认设置为 1e-4。另外，也可以选择 DAdaptation 优化器自动寻找该模型的最优学习率。至于文本学习率，通常设置为 U-Net 学习率的二分之一或十分之一，如图 7-54 所示。

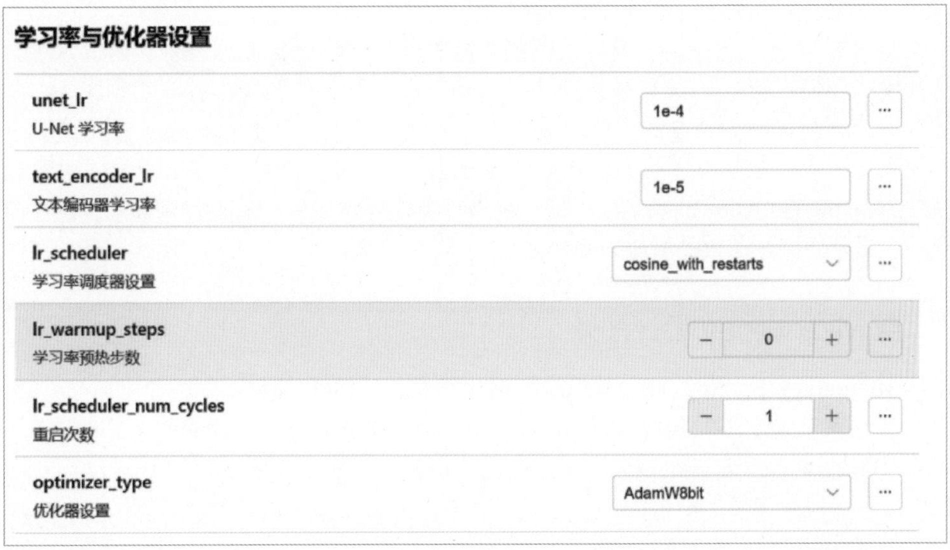

学习率与优化器设置

unet_lr
U-Net 学习率　　　　　　　　　　　　　　　　　　1e-4　　…

text_encoder_lr
文本编码器学习率　　　　　　　　　　　　　　　　1e-5　　…

lr_scheduler
学习率调度器设置　　　　　　　　　　　　cosine_with_restarts　∨　…

lr_warmup_steps
学习率预热步数　　　　　　　　　　　　　　　－　　0　　＋　　…

lr_scheduler_num_cycles
重启次数　　　　　　　　　　　　　　　　　　－　　1　　＋　　…

optimizer_type
优化器设置　　　　　　　　　　　　　　　　　AdamW8bit　∨　…

图 7-54

（8）对于网络维度，AI 的学习精确度并非越高越好，在绘画类应用中，通常将值设置为 64，如图 7-55 所示。

图 7-55

（9）在设置好网络维度后，可以暂时忽略其他参数，直接单击"开始训练"按钮，等待模型训练完成。在训练结束后，将生成的所有模型放入 Stable Diffusion 的 LoRA 模型文件夹中。对于模型的测试，可参考之前制作服装的步骤进行。

7.7　AI 在商业大图领域的应用

AI 在商业大图领域的应用不断扩展，凭借其卓越的图像处理能力和前沿技术，为商业领域带来了前所未有的便利与创新。AI 能够基于用户的多样化需求自动创作出包括绘画、摄影在内的多种艺术作品。特别是在商业大图领域，AI 能够生成兼具艺术美感与创意性的图像，充分满足用户的个性化定制需求。例如，AI 能够模拟著名画家的独特风格创作出别具一格的艺术作品，为商业项目增添浓厚的艺术气息。

此外，AI 技术还广泛应用于商业大图的智能推荐与个性化定制服务中。通过深度分析用户的行为模式和偏好特征，AI 能够为用户提供精准而个性化的图像推荐与定制服务，从而大幅度提升用户体验，助力企业实现精准营销与差异化竞争。虽然 Midjourney 在生成设计参考图像方面表现出色，但要在保留原图精髓的基础上进一步丰富和完善细节，操作过程相对烦琐。在结合 Stable Diffusion 的功能后，这一复杂任务能够得以轻松解决，为商业大图的创作与定制提供了更为便捷与高效的解决方案。

7.7.1　用 Midjourney 设计图像

使用 Midjourney 设计符合商业需求的风格化图像，具体操作步骤如下。

（1）以一辆充满未来科技感的汽车为例，输入关键词 Future Technology Armored Vehicle with White Background（未来科技装甲车，白色背景），如图 7-56 所示。

（2）挑选出较为满意的一张图像进行放大处理，并保存下来，如图 7-57 所示。

图 7-56　　　　　　　　　　　　　　　　　图 7-57

7.7.2　用 Stable Diffusion 丰富纹理细节

使用 Stable Diffusion，可以在 Midjourney 生成的商业图像的基础上进一步丰富其纹理与细节。以下是具体操作步骤。

（1）打开 Stable Diffusion，并打开"文生图"页面下方的 ControlNet 插件，将之前保存的图像拖入相应的选项卡中。在"预处理器"中选择 tile_resample，同时适当调低"引导终止时机"的值为 0.8，为 AI 留出更多自由发挥的空间，如图 7-58 所示。

图 7-58

（2）选择一个真实类别的大模型，并输入提示词，这些提示词可以直接采用 Midjourney 中的提示词，如图 7-59 所示。对于负向提示词，使用一些通用的即可。此外，还可以添加一个用于调整细节的 LoRA 模型（需要创作者自行从模型库中下载）。

图 7-59

（3）通过提高"迭代步数"来增加图像的细节，并调整尺寸，以与原图保持一致，然后单击"生成"按钮，如图 7-60 所示。

（4）生成的图像在保持原图基本构造的同时增添了丰富的纹理和其他细节，使得画面更加生动和丰富，最终效果如图 7-61 所示。

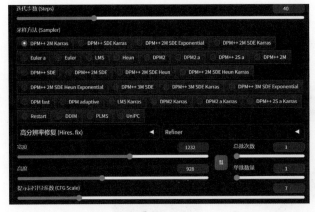

图 7-60

图 7-61

7.8　AI 在商业风格转化领域的应用

AI 在商业风格转化领域的应用日益增加，其强大的算法核心与数据处理能力为商业风格的迅速变迁与创新提供了坚实的支撑。AI 凭借其对市场动态与消费者偏好的敏锐洞察，能够迅速锁定商业风格的主题与整体氛围。借助深度学习算法的深厚功底，AI 能够剖析海量的艺术作品与商业实例，精准地提炼出各类风格的独特元素与标志性特征，从而实现风格的瞬间转换。举例来说，AI 能够将一张平凡的商业图像变成古典韵味、现代气息或科幻色彩浓郁的图像，充分满足用户对于个性化定制的多元化需求。

以当前备受人们追捧的迪士尼风格为例，Midjourney 能够轻松驾驭这一风格，生成充满童趣与梦幻的图像。然而，在没有相关模型支持的情况下，Stable Diffusion 难以达到相似的视觉效果。另一方面，仅仅依赖 Midjourney 难以实现对画面元素的精细把控。本节将深入探讨如何巧妙地融合 Midjourney 与 Stable Diffusion 的优势，将普通的真人照片转化为充满迪士尼动漫风格的图像，为用户带来前所未有的视觉盛宴。

7.8.1　用 Stable Diffusion 生成摄影风格角色

打开 Stable Diffusion，首先选择适合的真实类别大模型。在输入提示词时，除了正向、
向描述外，还可以加入与相机参数或摄影相关的关键词，如 MP-E、macro、65mm、f/2.8 等，
以增强图像的摄影感。然后设置期望的尺寸和采样器，单击"生成"按钮，如图 7-62 所示。

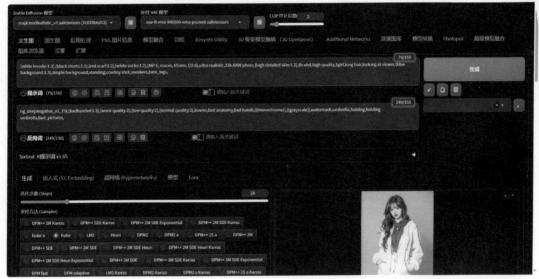

图 7-62

7.8.2　用 Midjourney 转化为迪士尼风格角色

通过 Midjourney 将 Stable Diffusion 生成的真人图像转化为迪士尼动漫风格，具体操作步
骤如下。

（1）打开 Midjourney，将刚才从 Stable Diffusion 生成的图像链接直接粘贴到输入框中，按
Enter 键发送，如图 7-63 所示。

（2）右击，在弹出的快捷菜单中选择"复制链接"选项，以备后续使用，如图 7-64 所示。

图 7-63

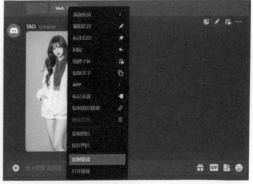

图 7-64

（3）在 Midjourney 中，采用"原图链接 + 人物描述 + 风格"的格式输入提示词。注意，
原图链接后需要空两格，否则 Midjourney 会报错。关于迪士尼风格的提示词，可以包括 3d

...ney，super detail，eye detail，gradient background，soft colors，fine luster，...ting，anime，art，ip blind box，divine，cinematic edge lighting。此外，还可...来调整生成图像与原图的相似度，其值的范围为 0 ～ 2，值越大则参考原图越...所示。

...出符合要求的图像进行放大并保存，如图 7-66 所示。

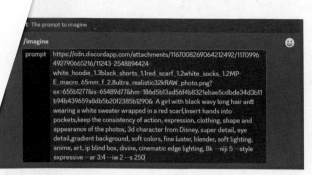

图 7-65

图 7-66